아이는 무엇으로 자라는가

버지니아 사티어 지음
강유리 옮김

아이는 무엇으로 자라는가

세계적 가족 심리학자 버지니아 사티어의 15가지 양육 법칙

포레스트북스

세상 모든 일의 출발점은
바로 가정이다

오늘날 우리는 아주 길고 어두운 터널을 지나고 있는 듯하다. 이념적 편 가르기가 일상이 됐고, 국지전이 끊이지 않으며, 핵과 방사능의 위협이 사라지지 않고, 어느 때보다 치열한 경쟁을 헤치며 매일을 살아가고 있다. 따뜻한 눈길을 주고받으며 서로 돕고, 헌신과 조화를 바탕으로 하는 삶이란 상상 속에서나 존재하는 것만 같다. 하지만 동 트기 전이 가장 어두운 법, 우리 앞에는 밝은 새날이 기다리고 있다. 그런 내일을 만들기 위해 우리가 해야 할 일, 할 수 있는 일이 있다.

평생의 경력에 걸쳐 나는 가정생활과 자녀의 성장 과정 사이에는 강력한 연관 관계가 존재한다는 사실을 많은 이들에게 알리고자 노력해왔다. 또 개개인이 모여 사회를 이루기에 장차 사회 구성원이 될 아이를 강인하고 긍정적인 사람으로 키워내는 것이 중요하다는 점도 강조해왔다. 이 책은 그 과정에서 탄생했다. 세계 곳곳에서 수많은 가족과 함께한 다양한 경험을 바탕으로, 자녀를 조화로운 성인으로 키우는 데 도움을 주고자 이 책을 썼다.

우리는 한 사람, 한 사람이 저마다 변화를 만들어낼 수 있다. 그 변화는 개인으로서 높은 자존감을 가지는 데서 시작된다. 나의 커다란 바람은 이 책을 통해 더 많은 사람이 자신을 믿고 주변 사람과 협력하게 됐으면 하는 것이다. 그렇게 협력을 경험하고 모범이 될 만한 행동을 함으로써 창조적인 방식으로 서로를 이해하고, 자기 자신과 주변을 돌보며, 자녀가 스스로에 대한 믿음을 갖는 성인으로 자라게 이끌 수 있다.

남을 미워하고 적대시하는 데는 엄청난 에너지가 들뿐더러 상처와 고통을 더하는 일이기도 하다. 특히 가족 간에 갈등이 빚어지면 삶에서 빛이 사라지고 만다. 가정이라는 울타리 안에서든 더 넓은 세상에서든, 살면서 마주치는 갈등을 더 효과적으로 해결할 방법이 있지 않을까? 무턱대고 미워하기 전에 상대를 조금이라도 더 이해하려고 노력해보는, 더 나은 선택을 할 수도 있지 않을까?

우리는 자기 자신 및 다른 사람들과의 관계를 개선할 방법을 이미 알고 있다. 그걸 실천에 옮기기만 하면 된다. 방법을 아는 데 멈추지 않고 직접 실천하는 사람들이야말로 더욱 밝고 긍정적인 세상을 만드는 데 이바지하는 주인공이다.

건전한 정신과 인간다움이라는 희망의 싹에 양분을 주고 잘 키우는 일이 시급하다. 우리에게는 환상적인 기술 개발 노하우와 검증된 지적 능력이 있다. 실질적으로 모든 것을 대상으로 탐구하고 의미를 찾아내는 방법도 알고 있다. 이제 우리가 해야 할 일은 이런 능력을 효과적으로 활용할 수 있도록 인류에게 도덕적·윤리적·인본주의적 가치관을 심어주는 것이다. 더 많은 사람이 이런 생각에 동참할수록 이 멋진 지구와 그 위에서 살아가는 삶을 진정으로 만끽할 수 있게 될 것이다. 이 모든 일이 시작되는 곳이 바로 가정이다.

이제 그 멋진 여정을 시작해보자.

버지니아 사티어

1부
자존감, 내가 단단해야 가족이 행복하다

2부

소통하기, 장벽 없이 자유롭게

자존감 있는 아이로 키우는
네 가지 핵심 요소

다섯 살 때 나는 어른이 되면 '부모를 조사하는 탐정'이 되어야겠다고 마음먹었다. 무엇을 조사해야 할지는 정하지 못했지만, 가정 안에서는 눈에 띄지 않는 많은 일이 일어난다는 걸 어렴풋이 깨달았기 때문이다. 어린 내 눈에 그것은 마치 수수께끼처럼 보였고 그래서 무척 흥미를 느꼈다.

어렸을 때 꿈의 영향으로 가족 심리학자가 된 나는 수많은 가족을 만나 이야길 나누고 경험을 공유했다. 이 일을 통해 많은 것을 배웠고, 가정이 세상을 압축해놓은 소우주라는 걸 알게 됐다. 세상을 이해하려면 하나하나의 가정을 연구하면 된다. 가족 간에 존재하는 힘의 관계, 친밀감, 자율과 신뢰, 소통 방식 등이 그대로 세상에도 적용되기 때문이다. 따라서 세상을 바꾸고 싶다면, 가정을 바꿔야 한다.

가정생활은 빙하에 비유할 수 있다. 대부분 사람은 실제 진행되고 있는 일의 10분의 1도 알지 못한다. 겉으로 보이고 들리는 게 10분의 1에 불과하다는 얘기다. 물밑에서 더 많은 일이 벌어지고 있다는 걸 짐작하는 사람들도 물론 있지만, 그게 무엇이고 어떻게 찾아내야 할지는 누구도 확실히 알지 못한다.

그 때문에 때때로 어떤 가족은 위험한 길로 빠져들 수 있다. 뱃사람의 운명이 수면 아래에 거대한 빙하가 있다는 사실을 아느냐 모르느냐에 달렸듯이, 가족의 운명도 일상적인 가정생활 밑바탕에서 흐르는 감정과 욕구를 이해하느냐 아니냐에 달렸다. 여러 해에 걸쳐 나는 많은 수수께끼의 해법에 접근하는 방법을 찾아냈고 그것을 이 책에 담고자 한다. 즉, 눈에 보이는 것보다 훨씬 거대한 물속 빙하를 살펴볼 것이다.

여러 해 동안 나는 인간답게 사는 인간이란 어떤 모습인가에 관한 그림을 다듬어왔다. 그들은 자신과 다른 사람들에게 진실하고 솔직하며, 모두를 애정과 친절로 대한다. 창의성을 발휘하여 역량을 펼치면서 변화하는 환경에 유연하게 적응한다. 새롭고 색다른 것을 기꺼이 받아들이되, 과거의 것에서 여전히 유용한 것은 유지하고 쓸모가 없어진 것은 과감히 버릴 줄 안다. 이 모든 것을 합치면 신체적으로 건강하고 정신적으로 깨어 있으며 말랑말랑한 감성과 애정, 장난기, 진정성, 창의성, 생산성, 책임감을 갖춘 인간이 된다. 이런 사람들은 자신의 부드러운 측면과 거친 측면을 똑같이 인정하고, 그 둘 사이의 차이를 이해한다. 가족은 그렇게 다면적인 속성을 가진 인간이 성장하는 환경이다.

나는 가족 심리학자로 활동하면서 가정생활에는 다음 네 가지 요소가 반복적으로 등장한다는 사실을 발견했다. 그리고 바로 이 요소들이 자녀가 어떤 성인으로 자라는가에 절대적인 영향을 미친다.

- 자존감: 자기 자신에 대한 감정과 생각
- 의사소통: 서로에게 의미를 전달하기 위해 사용하는 방법
- 규칙: 어떻게 느끼고 행동해야 하는가에 대한 법칙
- 관계 맺기: 가족 이외의 사람 및 조직들과 관계를 맺는 방식

오랜 경험을 통해 나는 가정에 충실하지 못한 남편, 우울증에 시달리는 아내, 삐뚤어진 딸, 조현병을 앓는 아들 등 가족이 어떤 문제로 내 사무실을 찾아오든 간에 처방은 동일하다는 사실을 알게 됐다. 가족의 고통을 진정시키려면 어떻게든 이 네 가지 핵심 요소에 변화를 주어야 한다.

문제가 있는 가정에서는 다음과 같은 공통점이 발견됐다.

- 자존감이 낮다.
- 의사소통이 직접적이지 않고 모호하며, 솔직하지 않다.
- 가정 내의 규칙이 인간적이지 않으며, 경직되어 있어서 절대 바꿀 수 없다.
- 관계 맺기를 두려워하고, 남의 눈치를 보며, 책임을 떠넘긴다.

반대로, 생기 넘치고 양육적인 가정에서는 다음과 같이 분명히 다른 패턴이 보였다.

- 자존감이 높다.
- 직접적이고 명료하며, 구체적이고 솔직한 의사소통이 이뤄진다.
- 가정 내 규칙이 인간적이며 적절하고, 상황이 바뀌면 언제든 바꿀 수 있다.
- 관계 맺기에 적극적이며, 자기 의견을 제시하고 책임을 진다.

이런 공통점에서 가족의 종류는 상관이 없다. 알다시피 세상에는 다양한 가족의 모습이 있지 않은가. 남자와 여자가 사랑으로 결혼해서 아이를 낳고, 자녀가 성장할 때까지 계속해서 보살피는 자연 가족만 있는 게 아니다. 사망이나 이혼 등의 사유로 한쪽 부모가 가족을 떠나 남은 부모가 자녀를 양육하는 한 부모 가족, 계부·계모·양부모·위탁 부모가 자녀를 양육하는 혼합 가족, 기관이나 확대 가족처럼 여러 명의 성인이 여러 명의 자녀를 키우는 시설 가족 등도 있다. 오늘날 아이들은 다양한 형태의 양육 환경에서 자라난다. 이런 가족 형태는 각각의 문제점과 가능성을 가지고 있는데, 이를 짚어보는 것이 이 책의 핵심이다.

모든 가족 안에서 작용하는 힘은 기본적으로 자존감, 의사소통, 규칙, 관계 맺기 네 가지로 동일하다. 이 책은 이런 요소들이 당신의 가족 안에서 어떻게 작용하는지 발견하도록 돕고, 가족이 바람직한 방향으로 나아갈 수 있도록 당신이 택할 수 있는 몇 가지 새로운 방법을 제시해줄 것이다.

모든 부모를 무작정 비난하는 건 내 목적이 아니다. 사람은 누구나 매 순간 최선을 다해 살아간다. 그중에서도 가정을 잘 이끌고 가족이 서로 간에 좋은 관계를 맺도록 돕는 것은 세상에서 가장 어렵고 복잡한 일이다. 어쩌면 이 책을 읽고 있다는 사실 자체가 당신이 자기 자신과 가족의 행복을 걱정한다는 걸 말해줄지도 모르겠다. 이 책에서 가족이 함께 행복해질 방법을 발견해, 만날 때마다 서로의 눈이 반짝이는 모습을 볼 수 있게 되길 바란다.

관계는 가족 구성원을 하나로 묶어주는 연결고리다. 이 관계의 여러 측면을 탐색해보면, 가족의 생활 시스템을 이해할 수 있을 뿐 아니라 공동체로서 가족이 주는 활력과 기쁨을 맛볼 수 있다.

책을 읽어가는 중간중간 실험이나 연습 활동을 만나게 될 것이다. 이를 잘 따르면, 의식하지 못했지만 실제로 당신에게 일어나고 있는 일을 더 잘 이해하게 될 것이다. 처음에는 너무나 단순해서 우스꽝스러워 보일 수도 있겠지만, 그래도 직접 실천해보기 바란다. 머리로만 이해해서는 제자리걸음만 하게 된다. 변화를 일으키려면 직접 움직이고 몸으로 체험해봐야 한다. 수영하는 법을 배우려면 물에 몸을 담가야 하지 않겠는가.

나는 여러 가족에게서 많은 고통을 목격해왔고, 문제를 해결해나가는 그들의 모습을 보며 깊은 감동을 받았다. 이 책을 통해 나는 직접 만날 기회가 없을지 모르는 많은 가족의 고통을 덜어주고 싶다. 그럼으로써 그 자녀들이 장차 꾸리게 될 가정에 고통이 대물림되는 사태를 막고 싶다.

이 책을 읽다 보면 예전의 기억들이 되살아나면서 잊으려고 애썼던 고통이 생생하게 떠오를지도 모른다. 하지만 당신의 가족이 지금보다 더 나은 방식으로 살아갈 방법이 있다고 생각한다면 힘을 낼 수 있을 것이다. 우리의 최종 목표는 가족 구성원 개개인이 자기 모습에 솔직하게 맞서고 스스로 책임을 지는 것이다. 지금부터 그 방법을 찾아가 보자.

〈평온을 비는 기도〉
주여, 우리에게 바꿀 수 없는 것을 받아들이는 평온함과
바꿀 수 있는 것을 바꾸는 용기,
그리고 이 둘을 분별하는 지혜를 허락하소서.
– 라인홀트 니부어Reinhold Niebuhr

1부

자존감,
내가 단단해야
가족이 행복하다

언제든 새로운 것을 배울 수 있기 때문에 인생은 변화할 수 있으며,
그렇기에 언제나 희망이 있다.

당신의 가족을 사랑하십니까?

1장

"현재의 가족과 함께하는 삶에 만족하시나요?"

상담을 받으러 오는 가족에게 내가 던지는 첫 번째 질문이다. 그런데 대부분 사람은 어리둥절한 표정으로 멀뚱멀뚱 바라볼 뿐 대답하길 망설인다. 가족이니 당연히 함께 산다고 여겼을 뿐 한 번도 깊이 생각해본 적이 없기 때문이다. 가정 내에서 어떤 문제가 뚜렷하게 드러나지 않는 한, 다들 별다른 불만이 없겠거니 하고 넘겨짚는다. 하지만 어쩌면 가족 구성원으로서 누군가는 감히 문제를 제기하지 못하고 속으로만 삭일지도 모른다. 좋든 싫든 이 가족을 벗어나지 못한다고 느끼고, 어떻게 해야 상황을 바꿀 수 있는지도 알지 못할 테니 말이다.

"당신의 부모님과 형제자매를 좋아하시나요? 그분들과 가족이라는 점이 행복하신가요?"

두 번째 질문에도 대부분이 당황스러운 기색을 보인다.

"아, 그런 생각은 한 번도 해본 적이 없는데요. 그냥… 우리 가족이잖아요."

마치 가족은 세상의 나머지 사람들과 다르기라도 하다는 듯 이렇게 말하는 게 보통이다. 그러면 나는 세 번째 질문을 던진다.

"그러면 당신 가족의 일원이라는 게 신나고 즐거우신가요?"

이 세 가지 질문에 모두 "예"라고 대답할 수 있다면 당신은 양육적인 가정에서 살고 있다고 봐도 좋다. "아니요" 또는 "늘 그런 건 아니에요"라고 대답한다면 어느 정도 문제가 있는 가정에서 살아간다는 의미다. 그렇다고 해서 그런 가정이 나쁘다는 얘기는 아니다. 단지 식구들이 행복감을 많이 느끼지 못하며, 서로 아껴주고 칭찬하는 방법을 배워본 적이 없다는 뜻이다. 그리고 생각보다 많은 사람이 가정 안에서 위협이나 부담 또는 권태감을 느끼며 살아간다.

수많은 가족을 만나본 끝에 나는 어떤 가정이든 '매우 양육적인'부터 '매우 문제 있는'까지의 스펙트럼 어딘가에 속한다는 것을 깨달았다. 이 두 유형의 가정을 내가 관찰한 그대로 생생하게 서술해보려고 한다.

문제 있는 가정의 자녀는 무력감을 학습한다

문제 있는 가정의 분위기는 쉽게 감지된다. 나는 그런 가족과 함께

할 때마다 곧바로 불편함을 느끼곤 했다. 모두 얼어붙은 듯 냉랭한 기운이 돌고, 서로를 정중하게 대하지만 별로 관심은 두지 않는다는 게 빤히 들여다보인다. 마치 팽이처럼 모든 게 끊임없이 도는 듯한 느낌의 가족도 있다. 폭풍 전의 고요처럼 언제라도 천둥 번개가 내려칠 것만 같은 불길한 분위기의 가족도 있고, 비밀스러운 공기가 자욱한 가족도 있다.

이렇게 문제 있는 분위기에서는 내 몸이 격렬한 반응을 보인다. 금세 속이 메스꺼워지고, 허리와 어깨가 아프고, 두통이 생긴다. 이윽고 나는 그런 가족의 구성원들도 나와 같은 신체적 반응을 보이는지 궁금해졌다. 나중에 그들과 가까워져서 이야기를 좀 더 편히 나눌 수 있게 됐을 때, 그들 역시 나와 같은 느낌을 받는다는 얘길 들었다. 이런 경험을 반복해서 하다 보니, 문제 있는 가정에서는 왜 사람들이 그토록 자주 아픈지 이해가 됐다. 비인간적인 환경에 몸이 인간적으로 반응한 결과다.

몸이 먼저 반응한다니, 혹시 당신은 내 얘기가 믿기지 않는다고 생각되는가? 그러나 모든 인간은 주변 사람들에게 이처럼 신체적 반응을 보인다. 단지 자라면서 그런 느낌을 무시하도록 훈련받았기 때문에 딱히 인지하지 못하는 것뿐이다. 사람들은 여러 해에 걸친 연습을 통해 그런 느낌을 무시하는 데 완전히 도가 터서 몇 시간 뒤에나 두통, 어깨 결림, 더부룩함을 인지한다. 그 때문에 대체 이유가 뭔지 이해하지 못하고 넘어간다. 하지만 그런 신호들은 실제로 벌어지는 상황에 대해 많은 것을 알려준다. 이 책을 통해 당신도 몸에 나타나는 유용한 단서

들을 포착하는 방법을 터득하게 되기를 바란다. 현재 벌어지는 상황을 인지하는 것이 변화의 첫 번째 단계다.

문제 있는 가족은 구성원의 몸과 얼굴에 괴로움이 그대로 배어난다. 몸은 뻣뻣하고 경직되어 있거나 구부정하다. 얼굴은 언짢거나 슬퍼 보이거나, 아니면 가면을 쓴 것처럼 무표정하다. 시선은 대체로 아래를 향하고 사람들을 피한다. 귀로는 다른 사람들의 이야기를 듣는 둥 마는 둥이다. 목소리는 거칠고 신경질적이거나 기어들어 가는 듯 작다.

가족 구성원 사이에서 우애를 전혀 찾아볼 수 없고, 서로에게서 기쁨을 느끼지 못한다. 그지 시로를 참고 견디려 노력하면서 의무감으로 함께 사는 듯하다. 가끔 가족 중 누군가가 부드러운 분위기를 만들려고 노력해보지만, 소용이 없다는 걸 깨닫고 이내 포기한다. 이때 쓰는 유머조차 신랄하고 냉소적이며 잔인한 뉘앙스를 담고 있다.

온 가족이 그런 분위기에서 함께 생활하려고 애쓰는 모습을 보노라면, 저런 환경에서 어떻게 살 수 있을까 하는 생각이 든다. 그래서인지 어떤 가족은 서로 알아서 피하는 방법을 택하기도 한다. 일이나 바깥 활동에 적극 참여하는 것으로 다른 식구들과 실질적인 접촉을 하지 않는 것이다. 그들은 한집에 살면서도 며칠 동안 서로 얼굴도 마주치지 않고 지내기가 일쑤다.

나는 이런 가족들에게서 절박함, 무력감, 외로움을 발견했다. 현실을 외면하려고 안간힘을 쓰는 사람들도 있다. 어떤 사람들은 실낱같은 희망에 매달리기도 하고, 서로 고함을 지르거나 바가지를 긁거나 푸념을 늘어놓기도 한다. 아예 더는 신경 쓰지 않는 사람들도 있고, 그저 고통을 참아내거나 절박함 속에서 남에게 고통을 전가하는 이들도 있다.

가정은 우리가 사랑과 이해와 지지를 얻을 수 있는 최후의 보루다. 우리는 가정에서 힘을 얻어 바깥세상에 맞설 용기를 낸다. 그러나 수백만의 문제 있는 가정은 오히려 힘을 앗아가는 곳이다.

우리는 도시화되고 산업화된 사회에서 실용성, 효율성, 경제성, 수익성을 중시할 뿐 인간의 인간다운 부분을 지켜주지 못하는 조직들과 관계를 맺고 살아가고 있다. 대부분 사람이 궁핍, 차별, 압력 등 비인간적인 조직들의 다양한 부정적 영향하에 있다. 집에서마저 비인간적인 대접을 받는 문제 있는 가정의 구성원들에게는 이런 부정적 영향이 고통을 더욱 키운다. 물론 일부러 이런 생활 방식을 선택하는 사람은 없을 것이다. 사람들은 막다른 골목에 다다른 후에야 자기 가정에 문제가 있음을 인정한다.

양육적인 가정의 자녀는 자기다운 모습으로 자란다

양육적인 가정에서는 활기, 참됨, 솔직함, 사랑이 감지된다. 이런 가정의 사람들은 삶에 대한 애정, 이해, 존중을 보여주며 자기 의견이 존중받으리라고 믿고 자기 역시 상대방의 말에 귀를 기울인다. 가족이 서로서로 배려하고, 애정만이 아니라 고통과 불만도 주저 없이 표현할 줄 안다. 위험을 감수하다 보면 실수가 따르기 마련이고 실수는 곧 성장하고 있다는 신호임을 모든 가족이 이해해주기에, 두려움 없이 도전한다.

이런 가족에게서는 생동감이 실질적으로 보이고 들린다. 몸가짐이 품위 있고 표정도 편안하다. 가족들은 눈을 내리깔지 않고 서로 시선을 맞추며 또렷한 목소리로 분명한 의미를 전달하는 대화를 나눈다. 항상 조화로운 관계 속에 애정이 자연스럽게 흐른다. 자녀들은 심지어 갓난아이까지도 개방적이고 친근하며, 이런 사람들이 생활하는 집에는 빛과 색감이 넘친다.

가족들은 나이와 상관없이 신체적인 접촉이나 애정 표현에 편안함을 느낀다. 쓰레기를 버려주거나 식사 준비를 하거나 꼬박꼬박 월급을 가져다주는 것으로 애정과 배려를 표현하지 않는다. 그보다는 마음을 열고 대화를 나누고, 상대방을 염려하는 마음으로 경청하며, 함께 있어주는 것만으로도 충분히 애정과 배려를 보여준다.

양육적인 가족의 구성원은 서로에게 자신의 감정을 이야기하는 데 거리낌이 없다. 기쁨과 성취감뿐만 아니라 실망, 두려움, 상처, 분노, 비판 등 무엇이든 이야기할 수 있다. 퇴근해 돌아오신 아버지가 언짢아 보이면 자녀는 "아빠, 오늘 기분 별로이신가 봐요"라고 솔직하게 말할 수 있다. "어린 녀석이, 아버지한테 그게 무슨 말버릇이야!"라고 꾸중하리라는 두려움이 없다. 아버지 역시 솔직하게 "응. 오늘 일진이 아주 안 좋았단다"라고 말할 수 있다.

양육적인 가족은 앞날에 대한 계획을 세우길 좋아하고, 설사 계획에 차질이 생기더라도 웃으면서 유연하게 조정한다. 이런 방식으로,

패닉에 빠지는 일 없이 인생의 더 어려운 문제들에도 잘 대처한다. 예를 들어 아이가 실수로 유리잔을 놓쳐서 깨뜨렸다고 해보자. 문제 있는 가정에서 이런 사고가 일어났다면, 아이는 호되게 꾸중을 듣고 엉덩이를 몇 대 맞는 바람에 끝내 울음을 터뜨릴 가능성이 크다. 하지만 양육적인 가정에서는 부모든 형제자매든 누군가가 "이런, 컵을 깨뜨렸구나. 다치진 않았니? 어디 한번 보자"라고 말할 가능성이 크다. 만약 아이가 잔을 제대로 쥐는 방법을 몰라서인 것 같다면 "이렇게 두 손으로 꼭 붙잡으면 떨어뜨리지 않을 거야"라고 가르쳐줄 수도 있을 것이다. 이렇게 사고를 학습의 기회로 삼으면 아이의 자존감이 올라가지만, 사고가 처벌로 이어지면 아이는 자존감에 의문을 품게 된다.

양육적인 가정에서는 인간의 삶과 인간적인 감정들이 다른 어떤 것보다 중요하다는 메시지를 쉽게 포착할 수 있다. 이런 가정의 부모들은 자신을 권위적인 보스가 아니라 권한을 위임하는 리더로 여긴다. 그리고 어떤 상황에서든 진정으로 인간다운 인간이 되는 방법을 자녀에게 가르치는 것이 부모의 가장 중요한 역할이라고 생각한다. 그들은 올바른 판단뿐만 아니라 잘못된 판단까지도 자식 앞에서 선뜻 인정하며, 자신이 느끼는 기쁨뿐만 아니라 상처·분노·실망도 솔직하게 드러낸다. 이런 부모는 말과 행동이 일치한다. 말로는 남들에게 상처 주지 말라고 하면서 화날 때마다 자녀를 때리는 문제 있는 부모들과 얼마나 다른 모습인가.

부모도 사람이다. 부모라고 해서 첫아이가 태어나는 바로 그날부터 자동으로 리더가 되는 건 아니다. 좋은 리더는 기회를 잘 살펴서 아이가 정말로 귀 기울일 자세가 되었을 때 대화를 시도하는 사람이라는 사실을 부모들도 배워나가는 것이다. 아이가 버릇없이 굴 때도 부모는 친근하게 다가가 아이에게 필요한 부분을 지원해주어야 한다. 그러면 말썽을 일으킨 아이는 두려움과 죄책감을 극복하고 부모의 가르침을 반감 없이 받아들인다.

최근에 나는 양육적인 가정의 어머니가 까다로운 상황을 아주 솜씨 있고 인간적으로 처리하는 장면을 목격했다. 다섯 살과 여섯 살짜리 아들이 싸우는 모습을 본 그 어머니는 차분하게 두 아이를 떼어놓은 다음, 양손에 한 명씩 아이들의 손을 잡고 자기 양옆에 앉혔다. 그러고는 손을 잡은 상태로 두 아이에게 무슨 일인지 물었다. 그녀는 한 아이의 말을 주의 깊게 듣고 나서 다른 아이의 말도 열심히 들어주었다. 이윽고 무슨 일이 있었는지가 서서히 드러났다. 동생이 형의 저금통에서 동전 하나를 가져간 것이었다. 어머니는 차분한 목소리로 동생에게 형의 동전을 돌려주라고 말한 뒤, 형에게는 동생을 한번 안아주라고 했다. 이로써 문제는 해결됐고, 두 아이는 껄끄러운 마음 없이 다시 어울려 놀기 시작했다. 더불어 아이들은 문제를 건설적으로 해결하는 방법을 배웠다.

양육적인 가정의 부모들은 자녀들이 일부러 나쁜 행동을 하는 게 아니라는 사실을 알고 있다. 자녀 중 누군가가 파괴적인 행동을 보인다면, 어떤 오해가 발생했거나 자존감이 위험스러울 정도로 낮아진 상태라는 걸 이해한다. 자신을 소중히 여기고 남들에게서도 소중한 사람으로 대접받을 때 비로소 학습이 이뤄진다는 사실을 알기에 자녀를 다그치거나 궁지로 몰지 않는다. 수치심을 주거나 처벌을 통해 행동을 교정할 수도 있겠지만, 그로 인한 흉터는 쉽게 아물지 않는다는 것도 잘 안다.

가정은 모든 일의 출발점이자 최후의 보루다

가정을 일군다는 것은 세상에서 가장 어려운 일이 아닐까 싶다. 마치 성격이 전혀 다른 두 회사가 하나의 제품을 만들어내기 위해 각자의 자원을 합치는 일과도 같다. 성인 남자와 성인 여자가 만나 자녀를 유아에서 성인으로 키워내기 위해 힘을 합치는 과정에도 그런 회사를 운영하는 것 못지않은 역경이 따라올 수 있다. 양육적인 가정의 부모는 인생에는 으레 문제가 따른다는 사실을 이해하기에 문제가 발생할 수도 있음을 인정하고, 새로운 문제가 발생할 때마다 적극적으로 창의적인 해결책을 찾아 나선다. 반면 문제 있는 가정의 부모는 애초에 문제가 발생하지 않게 하는 데 헛되이 에너지를 낭비하다가, 정작 문제가 발생하면(당연히 문제는 발생한다) 위기를 해결하는 데 쓸 기운조차 남아 있지 않은 지경이 된다.

어떤 사람들은 가정생활을 재정비할 시간이 없다고 투덜거린다. 그런 이들에게 나는 그건 생존을 좌우하는 문제이므로 가장 중요한 우선순위로 삼아야 한다고 이야기해준다. 문제 있는 가정은 문제 있는 사람들을 만든다. 자아가 손상된 이들은 범죄, 정신병, 알코올 중독, 약물 남용, 테러리즘을 비롯한 여러 가지 사회문제를 일으킬 수 있다.

권력을 가졌거나 영향력 있는 자리에 오른 사람도 한때는 아기였다. 그 사람이 자신의 영향력을 어떻게 사용하느냐는 자라는 동안 가정에서 무엇을 배웠느냐에 따라 크게 달라진다. 문제 있는 가정이 양육적인 가정으로 바뀌도록, 그리고 양육적인 가정이 더욱더 양육적인 가정이 되도록 도우면 각 개인의 고양된 인간성이 정부, 학교, 기업, 종교를 비롯해 삶의 질에 기여하는 모든 기관으로 퍼져나갈 것이다.

나는 아무리 문제가 많은 가정이라도 양육적인 가정이 될 수 있다고 확신한다. 문제 있는 가정을 만든 원인은 대부분 출생 후 학습된 것들이다. 배운 것이기 때문에 잊을 수 있으며, 그 자리를 대신할 새로운 것들을 배울 수 있다. 그럴 때는 다음 네 가지가 핵심이다.

- 우리 가족이 때로 문제 있는 가족임을 인정한다.
- 자신의 지난 실수를 용서하고 달라진 상황에 맞춰 자신에게 변화할 기회를 준다.
- 상황을 변화시키겠다고 마음먹는다.
- 변화를 시작할 행동을 취한다.

가족의 문제점을 좀 더 명확하게 바라보기 시작하면 과거에 무슨 일이 벌어졌든 그게 그때 당신이 할 수 있었던 최선이었음을 인정하게 될 것이다. 끊임없이 죄책감에 시달릴 필요도 없고, 가족 중 누군가를 비난할 필요도 없다. 단지 가족이 겪는 고통의 원인이 그동안 눈에 보이지 않았던 것뿐이다. 당신이 원인을 회피하려 해서가 아니라 어느 부분을 살펴야 할지 몰랐거나, 원인을 제대로 직시하지 못하게 가로막는 정신적 안경을 쓰고 인생을 바라보도록 교육받았기 때문이다.

이 책을 통해 당신은 그 안경을 벗고 가정생활에 기쁨 또는 고통을 야기하는 요소들을 똑바로 바라보게 될 것이다. 가장 먼저 살펴볼 요소는 바로 자존감이다.

당신의 솥에는 무엇이 담겨 있나요?

2장

자존감은 하나의 개념이자 태도, 감정, 이미지이며 행동으로 표출된다. 나는 어릴 적에 위스콘신의 한 농가에서 살았다. 우리 집 뒷마당에는 커다란 무쇠솥이 하나 있었는데, 어머니가 비누를 직접 만들어 쓰셨기 때문에 그 솥에는 늘 비누가 가득했다. 여름에 타작할 일꾼들이 오면 그들이 쓸 물을 끓이기도 했고, 때로는 아버지가 화단에 쓸 퇴비를 담아두기도 했다. 이처럼 용도가 많았기에 그 솥은 비어 있는 날이 드물었다. 그래서 가족 중에서 그 솥을 쓰려고 하는 사람은 두 가지를 생각해야 했다.

- 그 솥에 지금 무엇이 들어 있는가?
- 얼마나 가득 차 있는가?

'솥'으로 표현하는 자존감 이야기

오랜 세월이 흘러 나는 가족 심리학자가 됐고, 사람들이 자기 자신에 대해 이야기하는 걸 듣는 일이 많아졌다. 스스로에 대해 충만함을 느끼는 사람부터 공허함, 찝찝함, 심지어 '마음이 깨진 듯한' 느낌에 이르기까지 다양한 표현이 나왔다.

그러던 어느 날, 한 가족이 내 사무실을 찾아왔다. 그들은 자기가 자신에 대해 어떻게 느끼고 있는지를 가족들에게 전달할 단어를 찾지 못해 애를 먹고 있었다. 나는 문득 그 무쇠솥이 떠올라서 어렸을 때 이야기를 해주었다. 그러자 가족들은 소중함, 죄책감, 부끄러움, 쓸모없음 등 다양한 감정을 담고 있는 각자의 '솥'에 대해 이야기하기 시작했다. 나중에 그 가족은 이 비유가 자신들에게 아주 유용했노라고 내게 말해주었다. 여기에서 힌트를 얻은 나는 비슷한 고민을 하는 가족들에게 솥 이야기를 들려주곤 했다.

머지않아 이 짧고도 쉬운 단어 덕분에 많은 가족이 입 밖에 꺼내기 어려워하던 감정들을 표현할 수 있게 됐다. 예를 들어 아버지가 "오늘은 내 솥이 가득 차 있어"라고 말하면, 나머지 가족들은 아버지가 오늘 컨디션이 최상이고 에너지와 좋은 기운이 넘치며 자신이 정말 중요한 사람임을 확신한다는 뜻으로 받아들였다. 반대로 "솥이 바닥이야"라고 말하면, 그가 스스로 별 볼 일 없는 사람이라고 느끼거나 피곤하거나 지루하거나 마음이 멍들었거나 특별히 사랑받을 만한 사람이라는 느낌을 받지 못한다는 뜻으로 알아들었다. 심지어 이것은 그가 항상 자신이 못났다고 느껴왔으며, 자신에게 주어지는 것을 그저 받아들여야 했을 뿐 딱히 불평할 수가 없었다는 의미일 수도 있다.

전문가들이 자존감에 대해 설명할 때 사용하는 단어들과 달리 '솥'은 아주 친근하고 쉽게 다가온다. 사람들은 솥을 이용해 자기 자신을 표현하는 게 더 쉽다고 느낄 뿐 아니라, 남들도 이런 식으로 표현할 때 더 쉽게 이해한다. 자기감정에 대해 이야기하기를 꺼리는 문화적 터부에서 벗어나, 어느덧 한결 편안한 마음을 갖게 되는 것이다.

이 책에서 '솥'은 자존감을 의미한다. 모든 사람은 긍정적이든 부정적이든 자아 가치, 즉 자존감을 갖고 있다. 그 옛날 우리 집 솥을 쓰고자 할 때 마주쳤던 문제와 마찬가지로, 자존감과 관련해서는 두 가지를 살펴야 한다.

- 그 솥에 지금 무엇이 들어 있는가?: 부정적인 자존감인가, 긍정적인 자존감인가?
- 얼마나 가득 차 있는가?: 그 감정이 얼마나 강한가?

솥이 가득 찬 사람 vs 솥이 바닥난 사람

자존감이란 자아를 높이 평가하고 품위와 애정으로 현실감 있게 대할 줄 아는 능력을 말한다. 사랑받는 사람은 변화에 개방적이다. 우리 몸도 이와 다르지 않다. 나는 개인의 자존감, 즉 솥이야말로 인간의

'내면에서' 그리고 사람과 사람 '사이에서' 일어나는 모든 일의 결정적 요인이라고 믿는다. 이는 여러 해 동안 학생들을 가르치고, 경제적·사회적 수준이 저마다 다른 다양한 가족을 치료하고, 각계각층의 사람들을 만나는 가운데 쌓아온 직업적·개인적 경험에서 얻은 확신이다.

자존감이 높은 사람에게서는 완벽함, 정직함, 책임감, 열정, 사랑, 경쟁력이 유유히 흘러나온다. 그들은 스스로 중요한 사람이라고 느끼며 자신이 있기에 세상이 더 좋아진다고 생각한다. 그들은 자신의 능력을 믿는다. 남에게 도움을 요청하기도 하지만, 결정은 스스로 내릴 수 있다고 생각하며 자기 자신을 최고의 정보원으로 활용한다. 자신의 가치를 높이 평가하는 사람만이 남의 가치도 제대로 인식하고 존중할 줄 안다. 그들은 신뢰와 희망을 주변에 퍼뜨린다. 자신의 감정에 솔직하며, 느껴지는 모든 감정에 일일이 대응할 필요가 없다는 사실도 안다. 감정을 선택할 마음의 여유가 있는 것이다. 그들은 지성을 바탕으로 행동하며, 다른 사람들을 존중하고 인간적으로 대우한다.

생명력 넘치는 사람들은 거의 언제나 솥이 가득 차 있다고 느낀다. 사실 누구에게나 그냥 포기하고만 싶고, 환멸과 피로감이 엄습하며, 인생의 문제들이 감당하기에 너무 벅차다고 느껴지는 순간이 불현듯 찾아온다. 그러나 생명력 있는 사람들은 솥 바닥이 드러나는 이 일시적인 감정에 저항하지 않는다. 한순간의 위기가 찾아온 것으로 여기고 수월하게 받아넘긴다.

스스로 자존감이 없다고 느끼면 다른 사람들이 자신을 속이고 짓밟고 무시하지 않을까 걱정하게 된다. 이것은 희생자가 되는 길이다.

최악을 예상하는 사람들은 최악을 자초하기에 실제로 최악의 상황을 겪는 경우가 많다. 그들은 자신을 방어한다는 구실로 불신의 벽 뒤에 숨어 끔찍한 외로움과 고립감 속으로 빠져든다. 그렇게 남들에게서 동떨어져 인정머리 없고 냉담한 사람이 되어간다. 시간이 갈수록 명확하게 보고 듣고 사고하는 데 어려움을 느껴, 자꾸만 다른 사람들을 무시하고 깎아내리려 한다. 이처럼 부정적인 자존감을 가진 사람들은 심리적 벽을 높이 쌓고 그 뒤에 숨어서 자신이 하는 행동을 부인함으로써 스스로 방어하고자 한다.

두려움은 이런 불신과 고립의 자연스러운 결과다. 두려움은 사람을 긴장시키고 시야를 가로막을 뿐만 아니라, 새로운 문제 해결 방법을 과감히 시도해보지 못하게 훼방을 놓는다. 그래서 더욱 자기방어적인 행동에 의존하게 된다.

늘 속이 비어 있다고 느끼는 사람들은 두려움을 느낄 때 그것을 실패로 간주하곤 한다. "난 아무짝에도 쓸모없는 인간이야. 그렇지 않고서야 이런 끔찍한 일들이 나에게 일어날 리가 없잖아." 이런 내적 공간의 반응이 반복해서 나타나다 보면 자아는 약물 또는 알코올에 의존하거나 파괴적인 행동을 보이기 쉽다.

기분이 침울한 것과 속이 비어 있을 때의 감정은 같은 게 아니다. 속이 비어 있다는 것은 기본적으로 원치 않는 감정을 겪을 때 그런 감정들이 아예 존재하지 않는 것처럼 행동하려고 한다는 뜻이다. 자존감이 높은 사람만이 침울하다는 기분을 있는 그대로 인정할 수 있다. 달리 말하면, 자존감이 높은 사람들도 침울해질 수 있다. 하지만 기분이 침울하다고 해서 자신을 쓸모없는 사람으로 치부하거나 침울한 감정이 존재하지 않는 것처럼 행동하지 않는다. 자신의 감정을 다른 누군가에게 전가하지도 않는다. 가끔 침울한 기분이 드는 건 자연스러운 현상이다. 침울한 상태를 극복해야 할 상태로 인식하는 것과 침울하기 때문에 자아를 경멸하는 지경까지 치닫는 것은 큰 차이가 있다.

침울한 기분을 느끼면서도 그것을 인정하지 않는 것은 본인과 남들에게 일종의 거짓말을 하는 셈이다. 이런 식으로 감정을 평가절하하는 것은 곧 자기 자신을 평가절하하는 것과 마찬가지이며, 솥의 바닥을 더더욱 드러내게 할 뿐이다. 우리에게 일어나는 많은 일은 결국 우리의 태도에 따른 결과다. 태도이기 때문에 얼마든지 바꿀 수 있다.

아이의 자존감은 전적으로 가족의 영향을 받는다

갓 태어난 아기에게는 과거가 없고, 스스로 무언가를 해본 경험도 없으며, 자신의 가치를 견주어볼 어떤 기준도 없다. 따라서 아기는 사람들과의 경험과 그들이 전하는 메시지에 의존해 인간으로서 자신의 가치를 판단해야만 한다. 처음 5~6년 동안 아이의 자존감은 거의 독점적으로 가족에 의해 형성된다. 아이가 학교에 다니기 시작하면 다른 영향력이 개입하지만 가족은 여전히 중요하다. 외부의 힘은 아이가 집에서 학습한 자존감을 강화하는 경향이 있다. 자신감이 넘치는 어린이는 학교에서나 또래들 사이에서 겪는 여러 가지 실패를 수월하게 극복할 수 있다. 반면 자존감이 낮은 아이는 많은 성공을 경험하면서도 자신의 가치에 대해 자꾸만 솟아나는 의심을 떨쳐내지 못한다. 이런 상태에서는 단 한 번의 부정적인 경험조차 치명적인 영향을 끼칠 수 있다.

부모의 모든 말과 표정, 몸짓, 행동 하나하나는 아이에게 자존감과 관련한 메시지를 전한다. 그런데 안타깝게도 너무나 많은 부모가 자신이 자녀에게 어떤 메시지를 보내고 있는지 깨닫지 못한다. 세 살짜리 아이가 꽃다발을 만들어 어머니에게 주었다고 하자. 어머니는 "아유, 정말 예쁘네. 고마워"라고 말하면서 꽃다발을 건네받았다. 그런데 이어서 다그치는 목소리로 "이 꽃 저 가게 앞의 화분에서 꺾은 거야?"라고 덧붙임으로써 꽃을 훔친 것이 잘못이었음을 은연중에 내비쳤다고 치자. 이 메시지를 들은 세 살배기 아이는 자신을 못되고 쓸모없는 존재로 생각할 것이다.

개인의 차이점을 존중하고, 공개적으로 애정을 표현할 수 있으며, 실수를 학습의 기회로 활용하면서 솔직하게 의사소통을 하는 양육적인 가정의 분위기에서만 내가 존중받고 있다는 감정이 활짝 꽃필 수 있다. 그렇게 생활하는 가정의 아이들은 대개 자신에 대해 긍정적이며, 그 결과 애정이 넘치고 신체적으로도 건강할 뿐 아니라 여러 면에서 뛰어난 능력을 발휘한다. 반대로, 문제 있는 가정의 아이들은 왜곡된 의사소통과 융통성 없는 규칙 속에서 자라면서 차이점을 비판받고 실수를 처벌받으며 책임감을 배우는 경험을 전혀 하지 못한 탓에 스스로 쓸모없는 존재라고 느끼는 경우가 많다. 그런 아이들은 자기 자신 또는 타인에 대해 파괴적인 행동을 강화할 위험이 높다.

이 같은 자존감의 차이는 성인에게서도 똑같이 발견된다. 물론 자존감이 높은 부모가 양육적인 가정을 만들고 자존감이 낮은 부모가 문제 있는 가정을 만들어낼 가능성이 크긴 하지만, 가족은 성인의 자존감에도 영향을 끼칠 수 있다. 이 시스템은 가정을 세우는 설계자들인 부모한테서 나온다.

오랜 세월 동안 가족과 함께 작업해온 끝에, 나는 부모의 행동이 아무리 어리석고 파괴적이라고 하더라도 그들을 비난만 해서는 안 된다는 걸 알게 됐다. 자기 행동이 가져온 결과에 책임을 느끼고, 앞으로 다르게 행동하는 방법을 배우도록 이끌어야 한다. 이것이야말로 온 가족의 상태를 개선하는 데 바람직한 첫걸음이다.

다행스러운 점은 나이나 상황과 관계없이 누구든 자존감을 높일 수 있다는 것이다. 낮은 자존감은 학습된 것이다. 앞서 말했듯이, 배운 것은 잊을 수 있으며 새로운 것으로 그 자리를 채울 수도 있다. 인간의 학습 능력은 세상을 떠날 때까지 유지되므로 너무 늦은 시기란 없다. 나는 이것이 이 책을 통틀어 가장 중요한 메시지라고 생각한다. '언제든 새로운 것을 배울 수 있기 때문에 인생은 변화할 수 있으며, 그렇기에 언제나 희망이 있다'는 사실 말이다. 사람은 평생 성장하고 변화할 수 있다. 나이가 들수록 약간 더 어려워지고, 때론 시간이 좀 더 걸리긴 한다. 그럴지라도 배우고 변화할 수 있다는 사실은 확실하다. 모든 건 각자의 방식을 얼마나 고집하느냐에 달렸다. 우리 모두는 자신이 변화할 수 있다고 믿고 변화하기 위해 노력해야 한다.

개인적 에너지의 원천, 자존감

3장

우리의 신체 언어와 행동은 생각과 감정을 반영한다. 우리가 자신을 존중하고 사랑하면 에너지가 축적된다. 이 에너지를 긍정적이고 조화롭게 사용할 때, 우리의 자아는 삶이 안겨주는 여러 과제를 창의적·현실적·열정적으로 극복할 수 있다. 다시 말해 자기 자신을 긍정적으로 바라보고 좋아할 때 품위, 정직, 활력, 사랑, 현실의 관점에서 인생을 마주할 수 있다. 이것은 자존감이 높은 상태다.

반대로, 자신에 대해 쓸모없다거나 혐오 같은 부정적인 감정을 가지고 있다면 에너지가 흩어지고 분산된다. 자아는 약해져 패배자, 희생자가 된다. 이런 사람은 심리적으로 자신이 중요하지 않다고 느끼고, 타인에게서 거부당할지 모른다는 위협에 끊임없이 시달리며, 자신과 타인과 상황을 있는 그대로 바라보지 못한다. 이것은 자존감이 낮은 상태다. 자신이 가치 없다고 여기는 사람은 남편이나 아내, 아들, 딸 등 다른 사람이 자신에게 가치를 부여해주기를 기대한다. 이것은 끝없는 조종으로 이어지고, 대개는 누구에게도 이로울 것 없는 결과를 가져온다.

자기를 사랑하는 사람이 남도 사랑할 줄 안다

인간은 기본적으로 자기 자신을 사랑하고 가치 있게 여겨야 한다. 혹시 이 말이 충격적으로 들릴지도 모르겠다. 많은 사람에게 자기 자신을 사랑한다는 건 이기심을 뜻하며, 이는 곧 타인을 배척해야 한다는 의미로 받아들여지기 때문이다. 어른들은 흔히 남들과의 대립을 피하려면 자기 자신이 아니라 남을 사랑해야 한다고 가르친다. 하지만 이것은 자존감 하락으로 이어지기 쉽다. 게다가 자기 자신을 사랑하지 않는데 어떻게 다른 사람을 사랑할 수 있을까? 자신을 사랑함으로써 남을 사랑하는 방법을 알게 된다는 증거는 수없이 많다.

자존감과 이기심은 같은 게 아니다. 이기심은 우월감의 한 형태로 '내가 너보다 낫다'라는 메시지가 깔려 있다. 자신을 사랑하는 것은 가치의 표현이다. 자기 자신을 가치 있게 여길 때 남도 똑같이 가치 있게 여길 수 있다. 자신을 좋아하지 않는 사람은 타인을 부러워하거나 두려워하기 쉽다.

자기중심적인 사람으로 비치면 비판받을지 모른다는 두려움을 느낄 수도 있을 것이다. 그 두려움을 줄이는 첫 번째 단계는 그걸 솔직히 인정하는 것이다. 예를 들어 친구에게 "내가 나를 좋아한다고 말하면 네가 날 거부할까 봐 겁이 나"라고 이야기하는 것이다. 그런 다음 "정말로 나한테 거부감이 들어?"라고 물어보자. 십중팔구 "아니, 전혀 그렇지 않아. 오히려 솔직하게 말하는 네가 용기 있다고 생각해"라는 답변이 되돌아올 것이다. '거부에 대한 두려움'이라는 자기 안의 괴물에 정면으로 맞서면 이처럼 놀라운 일이 일어난다. 게다가 어려운 방법도 아니지 않은가.

좋은 인간관계와 적절하고 애정이 깃든 행동은 자존감이 높은 사람들의 특징이다. 간단히 말해, 자기 자신을 사랑하고 높이 평가하는 사람들이 남을 사랑하고 존중하며 현실에 적절히 대응할 수 있다는 뜻이다. 견고한 자존감을 갖는 것은 좀 더 완전한 인간이 되는 길이다. 건강과 행복을 누리며 만족스러운 인간관계를 쌓고 유지할 뿐만 아니라 적절하고 효율적이며 책임감 있는 인간 말이다.

자신을 아끼는 사람은 자기 자신에게나 남에게 상처를 주거나 품위를 떨어뜨리거나 굴욕감을 안기는 등의 파괴적 행동을 하지 않으며, 자기 행동에 대한 책임을 떠넘기지도 않는다. 예를 들어 자신을 아끼는 사람은 약물, 알코올, 담배에 의존함으로서 자신을 학대하거나 타인이 신체적·정신적으로 자신을 학대하도록 내버려 두지도 않는다.

자기 자신을 사랑하지 않는 사람들은 비도덕적인 사람들에게 증오와 파괴의 도구로 이용당할 수 있다. 그들은 쉽사리 자신의 권력을 내줌으로써 감정의 노예로 전락하곤 한다. 끊임없이 상대방의 비위를 맞추려고 애쓰는 회유적인 태도가 단적인 예다.

자존감이 견고한 사람일수록 행동을 바꾸어야겠다는 용기를 갖고 그 용기를 유지해나가기가 쉽다. 자신을 가치 있게 여기는 사람일수록 다른 사람에게 이것저것 요구하는 게 적고, 그 덕에 신뢰를 얻는다. 타인과의 관계를 굳건히 쌓아가는 사람일수록 그들을 더 많이 알 수 있게 된다. 또한 남을 더 많이 이해할수록 그들과의 유대감과 연결고리도 더욱 튼튼해진다. 이런 연결고리가 개인 간의 관계에서 집단, 국가로 점차 확대된다면 세상은 더 살기 좋은 곳이 될 것이다.

인간은 저마다 고유하면서도 동질적인 존재다

인간에 관한 다음 두 가지 사실을 명심하기 바란다.

- 모든 사람에게는 지문이 있고 각 지문은 오직 그 사람에게서만 나타나는 고유의 문양을 지니고 있다. 나는 이 세상을 통틀어 유일한 사람이다. 따라서 나는 어떤 식으로든 남들과 다른 게 당연하다.
- 모든 인간은 발, 팔, 머리 등 기본적으로 동일한 신체 구성 요소를 가지고 있으며 그것들은 다른 사람들의 것과 비슷하다. 그러나 내가 고유한 존재라는 사실에는 변함이 없다. 따라서 나는 남들과 다르기도 하고 같기도 하다.

이 두 관점은 자존감을 키워나가는 데 매우 중요한 역할을 한다. 모든 사람은 스스로 탐구해나가야 하는 대상이다. 누구도 타인에게 그가 아닌 다른 사람의 모습으로 살라고 요구할 수 없다. 자녀에게 부모의 기대를 충족시키기 위해 살아가라고 하거나 부모에게 자녀의 기대에 맞춰 살아가라고 요구할 수 없다는 뜻이다.

내가 남들과의 동일성과 차이점을 동시에 가진 고유한 존재임을 인정할 수 있을 때, 나를 다른 누군가와 비교하는 행위를 멈출 수 있다. 나아가 자신을 판단하고 처벌하는 행위를 중단할 수 있다.

우리는 자신의 모든 부분을 존중하고 있는 그대로 받아들임으로써 높은 자존감의 기반을 닦아야 한다. 그렇게 하지 않는 것은 자연을 거스르는 일이다. 자신이 고유한 존재라는 사실을 이해하지 못해 자신에게 심각한 문제를 발생시키는 사람이 많다. 자신을 남들의 시선이라는 틀에 꿰맞추며 남들과 똑같아지려고 애쓰는 사람들이 그 예다.

어떤 양육 유형에서는 비교와 일치를 강조한다. 이런 방법은 필연적으로 자존감 저하를 부른다. 인간의 고유성을 인정하는 것은 자존감의 중요한 기반 중 하나다. 부모는 아이가 자신이 어떤 사람인가를 발견해가는 과정에 동행해야 한다.

자녀를 두 개의 씨앗이 만나서 맺어진 결과물이라고 생각해보자. 이 씨앗에는 아이의 어머니와 아버지가 가지고 있던 물적 자원들이 들어 있다. 여기에는 신체적인 특징들뿐만이 아니라 성향과 재능 등도 포함된다. 각각의 정자와 난자는 과거와 현재를 이어주는 통로다.

우리는 각자 서로 다른 저수지에서 물을 끌어온다. 부모한테서 무엇을 이어받았든, 그 유산에 대한 반응과 활용 방법에 따라 우리는 다른 사람이 된다. 우리는 낳아준 부모의 특정한 속성, 무수한 가능성 중에서 선택된 고유한 변수들을 가지고 이 세상에 나온다.

또는 이렇게 생각할 수도 있다. 남자의 정자는 그보다 앞서간 모든 사람의 신체적 특징들을 담고 있다. 즉, 그의 어머니, 아버지, 할머니, 할아버지 등 그와 피로 연결된 모든 사람의 신체적 특징들 말이다. 여자의 난자도 마찬가지로 그보다 앞서간 조상 모두의 신체적 특징들을 담고 있다. 이것은 우리 모두가 끌어오는 기초적인 자원들이다.

따라서 각 개인은 고유성이라는 측면에서 연구의 대상이며, 그중에서도 인간적 특별함이라는 관점에서 들여다볼 필요가 있다. 각각의 인간은 미지의 씨앗과도 같다. 우리는 그 씨앗을 심고 어떤 식물이 자라날지 지켜보면서 기다린다. 그리고 마침내 싹이 나면 필요한 건 없는지, 어떻게 생긴 식물인지, 꽃은 어떻게 피우는지 등을 발견해간다. 만약 성인이 되어서까지 자신에 대해 이런 것들을 발견하지 못했다면, 바로 지금이야말로 탐구 작업을 시작하기에 좋은 시점이다.

어쩌면 부모의 가장 큰 숙제는 성심성의껏 씨앗을 심고 그 씨앗이 어떤 식물로 자라날 것인지 지켜보며 기다리는 것일지도 모른다. 어떤 식물이어야 한다는 고집이나 선입견을 버리고, 싹을 틔워 자라나는 식물이 그 자체로 고유하다는 사실을 인정해야 한다. 자녀는 양쪽 부모 및 다른 인간들과의 공통점뿐만 아니라 차이점도 지니게 될 것이다. 이때 부모는 재판관이 아니라 발견자, 탐험가, 탐정이 되어야 한다. 시간을 들여 끈기 있게 관찰하면 세상에 태어난 보물에 대해 세세히 알아갈 수 있다.

가족의 현재 모습을 있는 그대로 받아들이는 방법

모든 사람은 끊임없이 변화한다. 지금 열여섯 살인 사람은 그가 다섯 살이었을 때 또는 여든 살이 됐을 때와 신체적으로 다르다. 이 지속적인 변화의 과정에서 우리는 자신이 누구인지를 의식적으로 발견해나가야만 한다. 즉, 자신의 현재 모습을 제대로 알고 있어야 한다는 뜻이다. 그리고 가족에게도 당신의 변화를 알려주는 것이 좋다.

예를 들면 몇 달에 한 번씩 온 가족이 모여 각자에게 일어난 변화를 이야기해보는 것이다. 나는 이를 '최신 정보 업데이트'라고 부른다. 가족 가운데 한 명이 돌아가며 리더 역할을 맡을 수 있다. 이 자리에서는 무조건적인 애정을 보이고, 비판적이지 않은 태도를 유지하는 게 중요하다. "난 키가 3센티미터 더 컸어요"라고 신체적 성장에 관해 얘기할 수도 있고, "이제는 보조 바퀴를 떼고 자전거를 탈 수 있어요"처럼 새로 습득한 기술에 관해 얘기할 수도 있다. 그 밖에 새로운 시각, 새롭게 생긴 질문, 새로 들은 우스갯소리를 얘기하는 것도 모두 허용된다. 즐겁게 이야길 나눈 다음에는 꼭 축하 파티를 열자. 가족에게 일어난 변화를 축하해주는 아주 좋은 방법이다. 단순해 보이지만, 이런 모임은 모두의 자존감을 한층 높여준다. 가족이 서로에게 몇 달 전이 아니라 현재의 모습으로 받아들여질 수 있기 때문이다.

10대들은 종종 "전 이제 어린아이가 아니라고요!"라며 반항하곤 한다. 하지만 주기적으로 가족 모임을 갖고 각자의 변화를 이야기한다면 이런 일은 생기지 않을 것이다. 근황을 파악하고 있으면 서로를 더욱 깊이 이해할 수 있을 뿐만 아니라 유대감도 굳건해진다. 때로는 발견된 사실이 고통스러울 수도 있다. 그러나 그것 역시 삶의 일부로서 덤덤히 공유하자.

많은 가족이 유용하다고 말해준 비유를 하나 소개하고자 한다. 수백 개의 분출구가 있는 원형 분수가 있다고 상상해보자. 이 작은 구멍 하나하나가 우리의 내적 성장을 의미한다. 우리가 성장할수록 좀 더 많은 구멍이 열리는데, 물이 더는 나오지 않고 닫히는 구멍들도 생겨난다. 그렇게 분수의 세세한 형태는 조금씩 바뀌겠지만, 우리는 끊임없이 움직이는 역동적인 존재이기에 분수는 언제나 아름다울 것이다.

자존감은 갓 태어났을 때부터 형성된다

우리 안의 분수들은 유아기에도 작동한다. 아기를 돌보는 사람과 아기 사이에서 이뤄지는 모든 행동, 반응, 상호작용은 그 아기의 자존감을 형성하는 정신적 저수지 역할을 한다. 완전한 백지상태로 세상에 나오는 아기의 가치관과 자아관은 성인들이 그를 어떻게 다루느냐에 따라 형성된다. 어른들은 자녀를 대하는 손길이 자녀의 자존감에 영향을 끼칠 수 있다는 사실을 인식하지 못할 수도 있다. 그러나 아기들은 들려오는 목소리, 자신을 돌보는 어른들의 눈빛과 표정, 안아주는 사람의 근육 움직임, 자신의 울음에 대한 반응 등을 통해 자존감을 학습한다. 만약 아기가 말을 할 수 있다면 이렇게 표현할 것이다.

- 나는 사랑받고 있어.
- 아무도 나한테 관심이 없어. 거부당하는 느낌이야. 외로워.
- 나는 정말 중요한 사람이야.
- 나는 쓸모없는 존재야. 짐이 되고 있어.

아기 때부터 이미 자존감이 형성되고 있음을 알 수 있지 않은가.
초보 부모라면 다음 사항에 관심을 기울임으로써 유아의 자존감 발달 기회를 크게 높일 수 있을 것이다.

- 아이를 만지는 손길을 스스로 인식하라. 당신이 아이 입장이라면 어떤 느낌이 들겠는가? 아이를 만질 때는 아이가 그 접촉을 통해 어떤 정보를 얻을지 상상해보라. 손길이 거친가 아니면 부드러운가, 축축한가 아니면 뽀송뽀송한가, 애정을 담고 있는가 아니면 두려움에 차 있는가 등이 아이에게 그대로 전해진다.
- 당신의 눈빛과 표정을 스스로 인식하라. 그런 다음 그걸 솔직히 인정하라. 아마도 당신은 아이를 볼 때 분노, 두려움, 행복 등 다양한 감정을 느낄 것이다. 무조건 좋은 감정만 느끼고 온화한 표정만 지어야 한다고 말하는 게 아니다. 당신에 관한 솔직한 정서

적 정보를 당신이 아이에게 직접 전달한다는 것이 중요하다.

- 아직 어린 아이들은 자기 주변에서 벌어지는 모든 사건이 자기 때문이라고 생각하는 경향이 있다. 좋은 일과 나쁜 일을 모두 포함해서 말이다. 자존감 교육에서 매우 중요한 사항 중 하나는 아이로 인한 사건과 다른 사람들로 인한 사건을 정확히 구분해주는 것이다. 아이에게 말을 할 때는 대명사가 정확히 누구를 지칭하는지 분명히 해야 한다. 예를 들어, 아이의 행동에 화가 난 어머니가 "왜 이렇게 엄마 말을 안 듣는 거야!"라고 말했다고 해보자. 어머니는 한 아이를 염두에 두고 이렇게 말했더라도, 그 자리에 있던 아이들은 모두 자신에게 하는 말로 여기게 된다.

- 아이가 자유롭게 의견을 내거나 질문하게 함으로써 돌아가는 상황을 모두가 파악할 수 있게 하라. 바로 앞의 사례에서 아이가 자유롭게 질문할 수 있다면 아이들 중 한 명은 "저 말씀이세요?"라고 물었을 것이다. 그러면 모호한 표현 때문에 모든 아이가 자책할 필요가 없어진다.

유아의 주변에서 일어나는 모든 사건, 행위, 음성 등은 아이의 내적 공간에 등록되고 어떤 수준에서든 의미를 갖게 된다. 최면을 통해 성인들을 어린 시절로 회귀시켜보면 이런 결론이 타당하다는 걸 확인할 수 있다. 유아들은 상황을 적절히 설명해줄 주변 정황은 빠뜨린 채 이런 사건들을 접수하곤 한다. 주변 정황이 누락된 정보 탓에 아이는 나중에 엉뚱한 결론을 내거나 자책감에 빠지기도 한다.

부모는 아이에게 벌어지고 있는 상황을 이야기해주되, 주변 정황과 관련된 사람들을 명확히 제시하는 것이 바람직하다. 예를 들어, 부부싸움이 있었다면 부부가 차례로 아이를 찾아가 무슨 일이 벌어지고 있는지 설명해줄 수 있을 것이다. 부부싸움 도중 아이의 이름이 나왔다면 이런 설명은 특히 중요하다. 예를 들어 다음과 같이 하면 된다.

- 어머니: (유아용 침대에서 아이를 안아 올려 사랑스럽게 품은 채) 아빠랑 엄마가 방금 말다툼을 했단다. 엄마는 오늘 밤 우리 가족이 외갓집에 갔으면 했어. 그런데 아빠는 반대하시더라고. 엄마가 욱하는 성질에 화를 내면서 아빠한테 잔소리를 퍼부은 거란다.
- 아버지: (아이를 안고 눈을 똑바로 들여다보며) 엄마랑 아빠가 방금 크게 싸웠단다. 우리는 의견이 맞지 않을 때면 종종 싸우곤 해. 아빠는 오늘 밤 집에 있고 싶은데 엄마는 나가자고 하는구나. 엄마랑 아빠가 싸운 것이 너 때문이 아니라는 걸 네가 꼭 알았으면 좋겠다. 엄마랑 아빠 문제로 싸운 거야.

화를 낼 때와 화를 낸 이유를 설명할 때의 분위기는 크게 다르다. 목소리의 톤이 달라지기 때문이다. 나는 4개월밖에 되지 않은 아기가 부모가 싸우자 우는 모습을 본 적이 있다. 싸움이 끝나고 부모들이 앞서 언급한 방식대로 아이에게 설명을 해주자, 아이는 미소를 지었고 바로 잠이 들었다.

아이를 혼란스럽게 하는 건 부정적인 사건만이 아니다. "오늘 할머니가 오신단다” 또는 “아빠가 회사에서 승진했어” 같은 긍정적인 사건도 혼란을 줄 수 있다. 사건은 정서적 반응을 불러일으키고 정서적 분위기를 결정짓는다. 그러니 아이에게 그런 이야기를 할 때도 설명을 덧붙이기 바란다. 유아는 별도의 도움이 없으면 사건과 정황, 자신과 사건을 구분하지 못한다. 그러므로 아이가 무슨 일인지 알 수 있도록 명백하게 말로 설명해주어야 한다.

유아의 자존감을 높여주는 효과적인 방법

어린아이가 자존감을 키우도록 돕는 또 다른 방법은 눈높이를 맞추고 아이를 똑바로 바라보면서 이야기하는 것이다. 이때 아이의 이름을 불러주고 사랑스럽게 어루만지며 ‘나’와 ‘너’를 분명하게 구분하는 것이 중요하다. 또한 충분히 시간을 갖고 중심을 잃지 않으면서 아이에게 충실한 태도를 보여야 한다. 딴생각을 하면서 건성으로 응해서는 안 된다. 이런 지침들은 당신이 자녀와 온전히 공감하고 성공적으로 애정을 전달하는 데 도움이 될 것이다.

아이가 동일성과 차이점을 떠올리도록 유도함으로써 자존감을 학습시킬 수도 있다. 이때는 경쟁이나 비교가 아니라 발견이라는 맥락에서 시도하는 게 중요하다. 아이의 관심사를 자극하는 다양한 기회를 만들어주고, 아이가 성취감을 느낄 때까지 끈기 있게 인도하는 것도 좋은 방법이다.

당신은 부모로서 훈육 방식을 통해서도 아이에게 자존감을 가르칠 수 있다. 아이의 자존감을 강화할 필요성을 인식하는 동시에 현실성을 잃지 않을 때, 당신의 노력은 행동을 교정해야겠다는 용기와 힘으로 이어질 것이다. 자존감이 높은 아이는 지도에 잘 반응한다.

예를 들어, 세 살 난 자녀에게 장난감을 치우도록 지시했다고 해보자. 그런데 아이는 즉시 반응을 보이지 않고 마치 아무 말도 못 들은 것처럼 하던 일을 계속한다. 아이의 자존감을 높여야 한다는 목표를 가진 당신은 의사소통이 완성되지 않았음을 인식하고, 사람이 어떤 생각이나 행동에 너무 몰입되어 있으면 남의 목소리가 귀에 들어오지 않을 수도 있음을 상기한다. 또는 당신의 목소리에 깃든 딱딱한 어조 때문에 아이가 이런 반응을 보일 수도 있음을 깨닫는다. 당신이 거슬리는 말투로 잔소리하듯 지시했을지도 모르는 일이니 말이다. 또는 아이가 나름대로 권력 싸움을 하려는 거라고 인식할 수도 있다.

이 모든 가능성에 효과적으로 대처하는 방법은 아이와 눈높이를 맞추고 사랑스러운 손길로 어루만지면서 조용하지만 단호한 목소리로 이제 장난감을 치울 시간이라고 말하는 것이다. 아울러, 아이가 장난감을 치우는 동안 곁에서 격려를 해줌으로써 이 일 전체를 하나의 즐거운 학습 기회로 만들어야 한다.

자존감을 지지해주면 아이가 잘못을 뉘우치고 자기 행동에 따른 결과를 받아들이게 하는 데 도움이 된다. 훈육을 학습의 기회로 삼는 방법이다. 어쩌면 아이의 자존감에 가장 파괴적인 영향을 끼치는 건 용납할 수 없는 행동에 대해 아이에게 부끄러움과 모욕감을 느끼게 하고 아이를 처벌하는 어른들일지도 모른다.

어른들은 자존감의 주도자이자 교사이자 모범이다. 그러나 우리가 모르는 것을 가르칠 수는 없다. 현명한 사람들은 자신이 무언가를 모른다는 걸 알게 됐을 때 적극 나서서 배울 자세가 되어 있다. 스스로 높은 자존감을 형성하지 못한 채 부모가 된 사람들 역시 자녀를 인도하면서 본인도 새로운 기회를 얻을 수 있다.

성장하면서 학습한 낮은 자존감 탓에 성인이 되어서까지 곤란을 겪는 부모가 많다. 한 번도 배워본 적이 없는 것을 가르치라니 부담감이 앞설 수도 있다. 그러나 다행스러운 점은 자존감은 나이를 불문하고 언제든 재형성할 수 있다는 것이다. 자신의 자존감이 낮음을 깨닫고 현재 상태를 적극 인정하며 변화를 도모하는 사람은 순조롭게 자존감을 높일 수 있다. 자존감을 계발하는 데는 시간, 끈기, 새로운 것을 시도하려는 용기가 있어야 한다. 이런 노력에 투자함으로써 우리는 자신의 가치를 개발하는 한편, 잠재되어 있는 방대한 재능을 끌어낼 수 있다.

나를 속속들이 비춰주는 망원경

4장

이번 장의 목표는 당신이 자신에게 더욱 관심을 갖도록 자극하고 주변 사람들, 특히 가족에게 모범을 보임으로써 그들도 당신을 따라 인간과 삶에 대해 흥미를 느끼게 하는 데 있다. 우선 당신의 다양한 지체parts가 어떻게 움직이는지 자세히 알고, 당신이 정말로 얼마나 귀중한 존재인지부터 깨닫기 바란다.

자아를 형성하는 여덟 지체의 역할

당신이 렌즈가 여덟 개 달린 망원경을 쓰고 자신을 바라본다고 상상해보자. 각각의 렌즈는 다음과 같이 당신의 핵심적인 지체들을 비춰

준다.

- 몸: 신체적인 부분
- 생각: 지적인 부분
- 감정: 정서적인 부분
- 감각: 감각적인 부분(눈, 귀, 피부, 혀, 코)
- 관계: 상호작용적인 부분
- 환경: 공간, 시간, 공기, 색깔, 소리, 온도
- 영양: 섭취하는 액체와 고체
- 영혼: 영적인 부분

첫 번째 렌즈를 통해서는 모든 신체 부위와 시스템을 포함한 육체를 보게 된다. 인체 내부를 한 번도 들여다본 적이 없다면 괜찮은 해부학 책을 한 권 찾아 골격, 근육, 내부 장기의 사진과 함께 호흡기, 순환기 등을 확인하기 바란다. 인체가 얼마나 기묘하게 설계됐고 얼마나 훌륭한 기능들을 담고 있는지 경외심과 놀라움이 절로 솟아날 것이다.

두 번째 렌즈는 당신의 지성, 즉 뇌의 인지적인 부분을 보여준다. 이 렌즈는 당신이 받아들이는 정보, 품고 있는 생각, 거기에 부여하는 의미에 대해 이야기해준다. 이 인지적이고 이성적인 부분을 통해 우리는 '내가 무엇을 이해했지? 새로운 것은 어떻게 배우지? 어떻게 상황을 분석하고 문제를 해결하지?'와 같은 질문에 답을 얻을 수 있다.

세 번째 렌즈는 정서, 즉 감정의 렌즈다. 당신은 얼마나 자유롭게 감정을 인식하고 인지하는가? 감정에 어떤 제약을 걸어놓고 있는가? 감정을 어떻게 표현하는가? 감정에 어떻게 접근하느냐에 따라 차이가 생긴다는 점을 이해하고, 모든 감정에 친근하게 다가설 수 있는가? 모든 감정은 인간적이다. 감정은 삶에 촉감, 색깔, 감수성을 불어넣는다. 감정이 없다면 우리는 로봇과도 같을 것이다. 감정은 당신의 현재 온도를 보여준다. 이런 감정에 대해 당신이 어떻게 느끼느냐는 당신의 자존감이 어디쯤 자리하는지를 보여준다.

네 번째 렌즈는 당신이 자기 자신을 어떻게 감지하는지를 보여준다. 감각 기관의 물리적 상태는 어떤가? 보고 듣고 만지고 맛보고 냄새를 맡을 때, 당신은 자신에게 어떤 자유를 부여하는가? 이 놀라운 신체 부위에 어떤 제약을 걸어두고 있진 않은가? 스스로 그런 제약을 풀어버릴 수 있는가? 대부분 사람은 어릴 때 특정한 것들만을 보고 만지고 듣도록 배우며, 그 때문에 감각을 활용하는 데 제약이 생긴다. 감각을 인정하고 존중하고 온전하고도 자유롭게 사용하는 것은 우리가 바깥 세상과 상호작용하고 내적으로 자신을 자극하는 중요한 방법이다. 우리에게는 감각 기관에 흥미를 불러일으킬 감각적 자극이 많이 필요하다. 이런 자극은 내면의 심리적 자아도 깨끗이 씻어준다.

다섯 번째 렌즈는 당신이 자신의 세계 속에서 사람들과 어떻게 상호작용하는지를 보여준다. 상호작용은 관계의 본질을 형성한다. 당신은 다양한 관계의 질을 어떻게 평가하는가? 권력을 어떻게 사용하는가? 권력을 내주고 희생자가 되는가, 아니면 권력을 빼앗아 독재자가 되는가? 당신 자신이나 타인을 키우기 위해 권력을 사용하는가, 아니면 위협하기 위해 권력을 사용하는가? 당신은 함께 일을 해내기 위해 가족 또는 타인들과 팀을 이루는가? 재미있는 농담을 던지고 탁월한 유머 감각을 발휘함으로써 당신과 타인의 생활을 조금이라도 더 가볍고 행복하게 만드는가? 유머와 사랑이 가진 막강한 치유의 힘을 기억하라.

여섯 번째 렌즈는 영양과 관계있다. 당신은 어떤 음식을 몸에 집어넣는가? 신체를 유지해나가는 데 영양이 필수적이라는 사실을 이해하고 있는가? 섭취하는 음식과 그 사람의 기분 및 행동 사이의 관계를 보여주는 연구 결과도 많다.

일곱 번째 렌즈는 환경과 관련이 있다. 즉 시야와 소리, 사물의 느낌, 온도, 빛, 색깔, 대기의 질, 생활하고 일하는 공간을 보여준다. 이들 각 요인은 당신의 생활에 중대한 영향을 끼친다. 예를 들어, 빛의 종류와 양은 건강과 상당한 연관 관계가 있다. 색깔·소리·음악과 신체의 변화 간 관계에 대한 연구도 진행되고 있다.

여덟 번째 렌즈는 영적 결속력과 관련이 있다. 이것은 당신과 생명 간 힘의 관계를 의미한다. 당신은 인생을 어떻게 간주하는가? 감사히 받아들이는가? 일상생활에서 영적 결속력을 활용하는가?

이 여덟 지체는 서로 다른 과제를 수행하며 개별적으로 작동한다. 그러나 한 사람 안에서 어느 한 부분도 혼자서는 기능할 수 없다. 바꾸어 말하면 어느 한 지체에 어떤 일이 일어나면 나머지 지체에도 영향이 미친다는 얘기다. 중심을 맞춰 여덟 개 모두를 모아놓으면 자아, 곧 당신이 된다.

총체적인 건강을 위한 지침

40년 전까지만 해도 우리의 지체가 상호작용한다는 생각은 생소한 개념이었다. 특히 서양 의학에서는 이런 발상이 인정받지 못했다. 그 후 의사들은 정신, 감정, 신체 사이의 상호작용 부조화가 궤양의 주요 원인이라는 사실을 발견했다. 여기서부터 정신신체의학Psychosomatic Medicine이라는 전문 분야가 새롭게 탄생했다. 지금과 같은 결론을 내리게 된 논리의 흐름을 따른다면, 이들 세 부분의 조화로운 상호작용이 건강으로 이어질 가능성도 똑같이 존재한다.

우리 자신에 대한 지식이 높아질수록 건강을 유지하고 개선히는 일이 중요해진다. 다음은 여덟 지체를 어떻게 다뤄야 하는지, 총체적인 건강과 웰빙을 위한 최상의 지침이다.

- 몸을 잘 보살피고 관심을 기울이며 꾸준히 운동하고 아껴준다.
- 자신이 어떤 방법으로 무엇을 배우는지 파악하고, 자극이 될 만한 아이디어·책·활동·학습 경험을 많이 접하며, 다른 사람들과의 대화에 참여할 기회를 자주 가짐으로써 지성을 키운다.
- 자신의 감정에 친숙해지도록 노력함으로써 감정이 자신에게 반하지 않고 이로운 쪽으로 작용하게 한다.
- 감각을 발달시키고 그 관리 방법을 배우는 동시에 감각은 우리가 사물을 파악하는 중대한 통로임을 알고 적극 활용한다.
- 조화로운 문제 해결, 양육, 갈등 해소 방법을 개발함으로써 화목

하고 건전한 관계를 발전시킨다.

- 몸의 영양학적 요구를 이해하고 그에 맞는 음식을 섭취한다.
- 생활하고 일하는 장소에 삶을 좀 더 온전히 뒷받침해줄 만한 풍경, 소리, 온도, 조명, 색깔, 환기 상태, 공간을 확보한다.
- 살아 있다는 것, 우주의 일부라는 것, 자신을 온전히 드러낸다는 것, 그리고 당신 바깥에 생명의 힘이 있다는 것이 어떤 의미인지 끊임없이 탐구한다.

얼마 전 나는 한 TV 프로그램에서 핵무기 사진을 보고 나서 불과 몇 분 뒤 발사 중인 우주선의 사진을 본 적이 있다. 둘은 형태가 놀라울 정도로 비슷하지만 목표는 매우 다르다. 하나는 파괴를, 다른 하나는 발견을 위한 것이다. 우리는 인간으로서 훌륭한 재능을 가지고 태어난다. 그 자산을 어떻게 사용할 것인지는 우리의 선택으로 남아 있다. 나는 우리가 가진 힘, 지능, 정보, 의지, 사랑, 기술이 인간의 진화 과정을 촉진하는 데 도움이 되리라고 믿는다.

인간은 원래 고귀한 존재다. 자신의 모든 지체까지 속속들이 이해하고 존중할 때 우리는 그 고귀함의 경지에 도달할 수 있다.

2부

소통하기,
장벽 없이
자유롭게

의사소통은 인간 사이에 오가는 모든 것을 망라하고,
모든 관계에 영향을 끼치는 커다란 우산이다.

우리는 왜 이렇게
형편없는 의사소통을 할까?

5장

　　의사소통은 인간 사이에 오가는 모든 것을 망라하고, 모든 관계에 영향을 끼치는 커다란 우산이다. 다시 말해 서로 주고받는 정보의 내용, 그 정보에서 의미를 찾아내는 방식과 활용하는 방식을 모두 포함한다. 또한 의사소통은 두 사람이 서로의 자존감을 측정하는 수단인 동시에 자존감을 높이거나 낮추는 도구이기도 하다.

　　모든 의사소통은 학습된 것이다. 아기는 세상에 태어날 때 오직 원재료만을 가지고 있다. 선입견, 타인과의 상호작용 경험, 세상일에 부딪혀본 경험이 없다는 얘기다. 아기는 출생 직후부터 자신을 돌봐주는 사람들과의 의사소통을 통해 이 모든 것을 학습한다.

　　사람이 5세에 이르면 대략 10억 차례의 의사소통 공유 경험을 쌓게 된다. 그 정도 나이가 되면 자기 자신에 대한 관점, 타인에 대한 기대

수준, 이 세상에서 가능하거나 불가능한 것들이 무엇인지에 대한 개념이 형성된다. 강력한 무언가가 그런 결론을 바꿔놓기 전까지 이 초기의 학습은 평생을 살아가는 데 기초가 된다.

의사소통이 이루어지는 과정

모든 의사소통이 학습된 것임을 인식하고 나면 그것을 원하는 대로 바꾸는 작업에 착수할 수 있다. 일단은 의사소통 요소들을 다시 한 번 짚어보자. 어느 한 시점에 모든 사람은 다음과 같이 동일한 요소를 가지고 의사소통 프로세스에 참여한다.

- 몸: 움직임과 형태, 모양이 있는 신체
- 가치관: 생존은 물론이고 바람직한 인생을 살아가기 위한 각 개인의 사고방식
- 기대치: 과거 경험을 바탕으로 형성된 지금 이 순간에 대한 기대 수준
- 감각 기관: 보고 듣고 냄새 맡고 맛을 보고 촉감을 느끼는 눈, 귀, 코, 입, 피부
- 언어 능력: 말과 음성
- 뇌: 과거 경험에서 배운 것, 읽고 배운 것, 뇌의 양 반구에 기록된 내용을 포함한 지식의 저장소

우리는 마치 음성 기능이 장착된 필름 카메라처럼 의사소통에 반응한다. 뇌는 당신과 나 사이에 현재 진행 중인 영상과 소리를 기록한다. 그 원리는 다음과 같다. 당신은 나와 얼굴을 마주 보고 있다. 당신의 감각 기관은 내가 어떻게 생겼고 목소리가 어떤지, 내게서 무슨 냄새가 나고, 나를 만졌을 때 어떤 감촉인지를 접수한다. 그러면 당신의 뇌는 이것이 당신에게 무슨 의미인지를 보고하는데, 이때 특히 부모나 그 외 권위적인 인물들을 통해 쌓은 과거 경험, 독서를 통한 학습, 감각 기관이 보낸 메시지를 해석하는 정보 활용 능력이 바탕이 된다. 뇌의 보고 내용에 따라 당신은 편안함을 느낄 수도, 불편함을 느낄 수도 있으며 몸이 이완될 수도, 긴장할 수도 있다.

한편, 내 쪽에서도 그와 유사한 과정을 거치게 된다. 나 역시 뭔가를 보고 듣고 느끼면서 어떤 생각을 하고, 과거를 바탕으로 한 가치관과 기대치를 가지고 있으며, 몸이 뭔가를 하고 있다. 당신은 내가 무엇을 감지하고 느끼고 내 과거가 어떻고 내 가치관이 무엇인지, 또는 정확히 내 몸이 무엇을 하고 있는지 알지 못한다. 추측이나 상상만 할 수 있는데, 그 점에서는 나도 당신에 대해 마찬가지다. 추측과 상상은 확인되기 전까지 '사실'로 자리 잡아 종종 오해를 낳기도 한다.

감각 정보, 그에 대한 뇌의 해석, 그로 인한 느낌과 그 느낌에 대한 감정을 이해하기 위해 다음 상황을 가정해보자. 당신은 남자이고 여자인 내가 당신 앞에 서 있다.

나는 속으로 '저 사람 머리가 길잖아? 히피임이 분명해'라고 생각한다. 그간의 경험과 지식을 바탕으로 내가 본 것을 이해하려고 노력하는 사이, 나의 이런 속생각은 미처 어떤 단어가 나오기도 전에 내가 당신에 대해 특정한 감정을 형성하도록 영향을 끼친다. 예를 들어 내가 속으로 당신이 히피라고 생각했고 내가 히피를 무서워하는 사람이라면, 나는 당신에게 두려움이나 분노를 느낄 수 있다. 어서 일어나서 이 상황을 벗어나려 하거나 대뜸 주먹을 날릴지도 모른다.

또는 내가 속으로 당신이 학자처럼 생겼다고 생각했다고 해보자. 나는 평소 똑똑한 사람을 존경하고 당신이 나와 비슷한 부류라고 생각하기 때문에 대화를 시작하고 싶어 할 수도 있다. 반대로 내가 자신을 어리석다고 생각해왔다면 당신이 학자라는 생각에 부끄러움을 느끼고 굴욕감에 고개를 숙일지도 모른다. 다시 말해, 나는 당신을 해석하는 내 방식대로 당신을 만들어냈다. 당신은 내가 당신을 어떻게 인지하고 있는지 쉽게 알 수가 없고, 당신에 대한 내 반응이 이해가 되지 않을 수도 있다.

그런가 하면 당신 역시 나를 받아들여 내가 어떤 사람인지 이해하려고 노력하고 있다. 어쩌면 당신은 내 향수 냄새를 맡고 내가 남자들을 홀리는 꽃뱀이라고 판단한 뒤 불쾌감을 느껴 등을 돌릴 수도 있다. 아니면 그 향수 냄새에 내가 괜찮은 여자라고 생각해 내 전화번호를 받아낼 방법을 궁리할지도 모른다. 마찬가지로 이 모든 일은 어떤 말이 나오기도 전 순식간에 이뤄진다.

신체를 활용해 의사소통 프로세스를 이해하는 연습 활동

나는 의사소통을 보다 깊이 이해하고 인식하는 데 도움이 될 연습 활동들을 개발했다. 보고 듣고 주의를 기울이고 이해하고 의미를 만들어가는 과정에 중점을 둔 활동들이다. 이 활동은 다른 사람과 함께 해보는 게 좋다. 가족 중 아무나 한 명을 선택하라. 만약 가족 모두가 참여한다면 다 함께 배우고 성장하는 계기가 될 것이다. 다만, 내가 요구하는 행동이 당신에게 익숙하지 않을 수도 있다. 그렇더라도 계속 진행하면서 무슨 일이 벌어지는지 지켜보라.

| 시각에 집중하는 의사소통 연습 |

쉽게 손이 닿을 정도로 상대방 바로 앞에 자리를 잡고 앉는다. 그리고 각자 카메라를 들고 상대방의 사진을 찍고 있다고 생각해보라.

이것은 바로 두 사람이 얼굴을 마주할 때 일어나는 일이다. 다른 사람들이 곁에 있을 수는 있지만 특정 순간에 시선을 마주칠 수 있는 건 오로지 두 사람뿐이다. 실제로 무엇이 찍혔는지 확인하려면 사진을 현상해야 한다. 사람은 뇌 속에서 사진을 현상하여 의미를 해석한 다음 그에 따라 행동한다.

이제 활동을 시작해보자.

의자에 편안하게 앉아서 앞에 있는 사람을 그냥 바라보라. 사람을 뚫어지게 쳐다보는 건 예의에 어긋난다고 하신 어릴 적 부모님 말씀은 잊자. 이때 말은 하지 않는다. 얼굴에서 움직임이 있는 각 부위를 하나하나 뜯어본다. 눈, 눈꺼풀, 눈썹, 콧구멍, 얼굴과 목 근육이 무얼 하고 있는지 그리고 안색이 어떻게 변하는지 살펴보라. 홍조를 띠고 있는가, 빨개졌는가, 하얗게 질렸는가, 새파래졌는가? 몸의 크기와 형태, 입은 옷까지도 관찰한다. 몸이 어떻게 움직이는지도 관찰한다. 팔다리는 무엇을 하고 있으며, 허리는 얼마나 곧게 펴고 있는가?

약 1분 동안 이렇게 하고 난 다음 눈을 감아라. 마음의 눈으로 이 사람의 얼굴과 몸을 얼마나 분명하게 떠올릴 수 있는지 살펴보라. 어떤 부분을 놓쳤다면 눈을 뜨고 세부 사항을 보충하라.

이것이 바로 사진 찍기 프로세스다. 우리의 뇌는 다음과 같이 사진을 현상할 수 있다.

'저 남자 머리가 너무 긴걸. 자세를 좀 바르게 해야겠네. 엄마를 많이 닮았어.'

'저 여자 눈이 마음에 드는군. 손도 그렇고. 저 여자가 입은 원피스는 맘에 안 들어. 찡그린 표정이 거슬리네.'

아니면 당신 자신과 상대를 비교할 수도 있다.

'나는 절대 저 여자만큼 똑똑해질 수 없을 거야.'

또는 예전의 상처가 떠오를 수도 있다.

'저 남자 예전에 바람을 피운 적이 있잖아. 정말 믿음이 안 가.'

생각에 의식을 집중하기 시작하면 불쾌한 기분이 드는 생각들도 인식될 것이다. 그 순간에 일어나는 몸의 반응도 인식할 수 있다. 몸이 경직되고, 긴장 탓에 속이 울렁거리고, 손바닥에 땀이 나고, 무릎이 후들거리고, 심장이 빠르게 뛰는 등의 반응들 말이다. 어지러움을 느끼거나 볼이 붉어지기도 한다. 반대로 기분 좋은 생각을 하고 있으면 몸의 긴장이 풀린다. 생각과 신체 반응은 서로 강력한 영향을 끼친다.

자, 이제 연습 활동을 계속하자.

당신은 상대방을 충분히 뜯어봤다. 이제 눈을 감는다. 상대방을 보니 생각나는 누군가가 있는가? 항상 어떤 사람을 보면 떠오르는 다른 누군가가 있게 마련이다. 부모님, 전 애인, 영화배우, 동화나 문학작품의 인물 등 누구도 될 수 있다. 닮은 점을 발견했다면 그 사람에 대한 당신의 감정이 어떤 것인지 파악하라. 만일 닮은 사람의 이미지가 너무 강하면 당신은 그 사람과 당신 앞에 앉아 있는 사람을 가끔 혼동하기도 할 것이다. 어쩌면 닮은 사람에 대한 반응을 상대방에게 보여왔을 수도 있는데, 그 때문에 상대방이 어리둥절해했을지도 모른다.
약 1분 뒤, 눈을 뜨고 당신이 깨달은 바를 상대방과 공유하라. 눈을 감고 있는 동안 떠오른 다른 사람이 있다면 그게 누구였고 어떤 부분이 상대방과 닮았는지, 이에 대한 당신의 느낌이 어떤지를 이야기하면 된다. 상대방도 마찬가지다.

이런 일이 연습 상황이 아니라 실제로 일어나는 경우, 눈앞의 상대방이 아니라 과거의 그림자들과 의사소통을 하게 된다. 실제로 내가 만나본 사람들 가운데는 서로를 누군가 다른 사람으로 생각하고 그 결과 매번 실망감을 느끼면서 30년을 함께 살아온 부부도 있었다. 그러다가 마침내 남편이 소리쳤다. "난 당신 아버지가 아니잖소!"

앞서 언급한 바와 같이, 누군가에 대한 반응은 거의 즉각적으로 일어난다. 당신과 상대방이 서로를 얼마나 편안하게 느끼느냐, 당신이 스스로에 대해 얼마나 확신을 가지고 있느냐, 그리고 자기표현에 얼마나 능숙하냐에 따라 다른 이야기가 나온다. 되도록 많은 이야기를 나누되, 성급하게 굴지 말아야 한다.

이렇게 당신은 상대방을 자세히 들여다봤고 내석 공간에서 일어나는 움직임을 의식하게 됐다. 한 발짝 더 나가보자.

잠시 눈을 감고 상대방을 바라볼 때 들었던 감정과 생각을 돌이켜보라. 몸의 느낌은 물론, 어떤 생각이나 감정에 대해 당신이 가졌던 느낌까지 전부 말이다. 이 내면의 움직임에 대해 가능한 한 모든 것을 상대방에게 이야기해준다고 상상해보라. 생각만 해도 몸이 떨리고 겁이 나는가? 흥분되는가? 이야기할 용기가 나는가? 당신이 원하는 만큼 또는 할 수 있는 만큼 그 내면의 움직임을 말로 차분하게 표현해보라.

내면의 움직임 중 어느 정도를 기꺼이 상대방과 공유하고 싶었는가? 이 질문에 대한 답변은 당신이 상대방과의 관계에서 얼마나 자유로움을 느끼는가를 상당히 정확하게 말해준다. 공유한다는 생각에 몸서리를 쳤다면 아마도 이야기를 많이 하고 싶지는 않았을 것이다. 부정적인 감정이 있다면 그걸 감추고 싶었을 것이다. 만일 이런 부정적인 종류의 반응이 많다면 상대와의 관계에서 문제를 겪을 가능성이 크다.

| 청각과 후각에 집중하는 의사소통 연습 |

이제 카메라의 사운드 부분을 작동시켜보자.

상대방이 깊이 숨을 쉬거나 기침을 하거나 소리를 내거나 이야기를 하면 당신의 귀는 그것을 당신에게 보고한다. 청각은 시각과 마찬가지로 과거의 내면 경험을 자극한다.

다른 사람의 음성에 귀를 기울이면 보통 나머지 소리는 잡음으로 들린다. 크거나 작고, 높거나 낮고, 명료하거나 부정확하고, 느리거나 빠른 여러 가지 목소리가 있다. 마찬가지로 당신은 들리는 음성에 대해 생각과 감정을 갖게 된다. 음성의 특징을 인식하고 거기에 반응하는 것이다. 나머지 과정은 시각에 집중했던 앞의 연습 활동과 같다. 자신이 어떻게 느꼈는지를 상대와 공유하라.

덧붙여, 자기 목소리가 어떻게 들리는지 알고 나면 지금처럼 말하려 할 사람은 거의 없으리라고 봐도 좋다. 목소리는 악기와 같아서 음조가 맞을 수도 있고, 맞지 않을 수도 있다. 목소리의 음조는 선천적인 것이 아니므로 충분히 바꿀 수 있다. 자기 목소리를 제대로 들을 기회가 있다면 대부분 사람이 목소리를 바꾸려 할지도 모른다. 하지만 대개는 자기 목소리를 들리는 그대로 듣지 않고 자신이 내려 하는 목소리로 듣는다.

자기 목소리에 귀 기울이는 방법을 터득한 사람은 원하는 목소리를 내기 위해 연습할 수 있다. 녹음기에 자기 목소리를 녹음해 들어보라. 마음의 준비를 하는 게 좋을 것이다. 생각했던 것과 너무나 다를 텐데, 사람들이 듣는 당신의 목소리가 바로 그것이다.

이번에는 서로 냄새를 맡아보자.

서로 냄새를 맡아보라니, 다소 저속하게 들릴 수도 있다. 하지만 향수를 사용해본 사람은 남이 나를 인지할 때 후각이 중요한 역할을 한다는 사실을 알 것이다. 친밀해질 수 있는 많은 인간관계가 나쁜 냄새나 향 때문에 깨지거나 멀어지기도 한다. 냄새 맡기에 대한 터부를 깰 때 무슨 일이 벌어지는지 살펴보고, 서로의 냄새에 대해 어떤 느낌이 들었는지 상대와 이야기를 나눠보라.

| 촉각에 집중하는 의사소통 연습 |

이제 의사소통을 좀 더 심층적으로 탐색해보자. 이번에는 촉각과 관련이 있다. 호흡이 생명과 연결되어 있는 것처럼 촉각은 두 사람 사이에서 정서적 정보를 전달하는 가장 설득력 있는 수단이다. 우리가 이 세상에 나오게 된 것도 사람의 손을 통해서였던 만큼, 촉각은 사람들 사이에 가장 믿을 만한 연결고리로 남아 있다. 나는 말보다 손길을 믿는데, 사람들이 촉각을 경험하는 방식에 따라 친밀한 관계가 형성되기도 하고 깨지기도 한다.

나는 사람들에게 자기 손길이 남들에게 어떻게 느껴질지를 의식하라고 가르친다. 이를 알려면 "내가 당신을 만질 때 어떤 느낌이 드세요?"라고 물어보면 된다. 우리는 손길을 느끼는 방법을 배워본 적이 거의 없다. 보통은 이런 질문을 받으면 이상하게 생각하겠지만, 그래도 계속 물어보고 대답을 들어보자. 거꾸로, 상대의 손길이 당신에게 어떻게 느껴지는지도 이야기해주자. 대부분 사람은 누군가가 일깨워주기 전에는 자신의 손길이 어떤 느낌인지를 자각하지 못한다.

나는 정 많고 열정적인 사람들 때문에 손이 벌게지는 일을 자주 겪는다. 그저 악수를 한 것뿐이지만, 반가움에 반지를 여러 개 낀 내 손을 너무 꼭 쥐었던 탓이다. 마찬가지로 어떤 부모도 처음부터 다치게 하겠다는 생각으로 자녀를 때리진 않는다. 그들은 자신의 타격력이 얼마나 센지 전혀 인식하지 못한다. 일이 벌어지고 나서야 자신이 저지른 짓에 경악하는 부모들이 많다. 자신의 손길이 다른 사람들에게, 특히 아이들에게 끼치는 충격을 의식하도록 교육받은 적 없이 무조건 물리적으로 강인한 사람이 되어야 한다고 배우며 자란 부모에게 특히 이런 일이 많이 생긴다.

나는 장기 출장에서 돌아와 반가운 마음에 아내를 격하게 끌어안았다가 갈비뼈를 세 개나 부러뜨린 경찰관을 알고 있다. 내가 알기로 이 남자는 아내에 대한 적대감이 전혀 없었다. 자기 힘이 얼마나 센지를 몰랐을 뿐이다.

우리는 손길을 느끼고 그에 대해 생각하는 방법을 배울 필요가 있다. "내가 당신을 만질 때 어떤 느낌이 드세요?"라는 질문만 던지면 되니 얼마나 간단한가. 이제 촉각에 집중하는 연습 활동을 해보자.

상대방에게 손이 닿을 정도로 가까이 앉아서 1분 동안 서로를 바라본다. 그런 다음 서로 손을 잡은 상태로 눈을 감는다. 상대방의 손을 서서히 탐색한다. 그 형태와 감촉에 대해 생각한다. 그 손에서 발견한 사실에 대해 당신이 어떤 대도를 갖고 있는지 스스로 의식하라. 그 손을 만지고 그 손이 나를 만지는 느낌을 체험해보라.
약 2분 뒤, 눈을 뜨고 상대방을 바라보면서 만지기를 계속하라. 어떤 일이 일어나는지 체험해보라. 눈을 떴을 때 촉각 경험에 변화가 있는가? 약 30초 뒤, 다시 눈을 감고 만지기를 계속하면서 또 다른 변화가 있는지 체험해보라. 1분 뒤, 가볍게 서로 손을 놓는다. 긴장을 풀고 편안히 앉아서 전체 체험의 영향이 어떤지 느껴보라.

활동이 이 단계까지 진행되면 많은 사람이 거북스러움을 호소한다. 어떤 사람들은 아무 느낌도 나지 않으며 이 모든 게 바보스러운 짓으로밖에 여겨지지 않는다고 이야기하기도 한다. 자기 주변에 담을 쌓고 신체적 접촉의 즐거움을 전혀 느끼지 못하는 사람들이다.

특히 부부들이 점차 스킨십을 즐기기 시작할수록 모든 방면에 걸쳐 관계가 개선되는 현상을 나는 많이 봤다. 신체 접촉에 대한 터부는 많은 사람이 왜 그렇게 무미건조하고 불만족스러우며 끔찍한 성생활을 경험하게 되는지 잘 설명해준다. 또한 청소년들이 왜 그리 성급하게 때 이른 성관계에 뛰어드는지도 이야기해준다. 신체적 접촉의 욕구를 느낀 그들은 자신에게 열려 있는 유일한 출구가 성관계뿐이라고 생각하는 것이다.

지금까지의 실험에서 중요한 건 개인의 해석이다. 우리가 함께 손을 만져도 당신과 나는 그 접촉을 다르게 느낀다. 상대방의 손길이 어떤 느낌인지 서로 이야기해주는 게 중요하다. 나는 사랑스러운 손길을 의도했으나 당신이 무정하게 느낀다면 나는 그 사실을 알아야 한다. 자신이 어떤 모습이고 어떤 목소리이며 다른 누군가에게 닿는 자신의 손길이 어떤 느낌인지 모르는 건 아주 흔한 일이며, 그 때문에 우리는 인간관계에서 불필요한 실망과 고통을 만나게 된다.

눈, 귀, 코를 이용해 접촉하고 서로 내적 공간의 움직임에 대해 이야기를 나눈 지금쯤이면 두 사람은 이미 서로를 더 깊이 이해하게 됐을 것이다. 아니면 처음 바라볼 때 과거 상처의 기억이 너무나 강력해서 상처밖에는 아무것도 보이지 않았을 가능성도 있다. 기억해야 할 중요한 사실은 바로 지금 눈앞에 있는 상대방을 바라보는 것이다. 믿어지지 않겠지만 나는 화를 내거나 성관계를 가질 때 이외에는 서로를 만져본 적이 없고, 다른 사람으로 착각하거나 흘겨보는 게 아니면 서로를 제대로 바라본 적도 없는 수백 쌍의 부부를 만나봤다.

거리와 위치를 활용해
의사소통 프로세스를 이해하는 연습 활동

| 등을 돌리거나 거리가 먼 상황 |

물리적인 위치가 의사소통에 끼치는 영향을 알아보자.

40~50센티미터 정도 거리를 두고 의자를 등을 맞대게 놓은 다음 자리에 앉는다. 서로 이야기를 나눈다.

곧바로 어떤 변화를 인식하게 될 것이다. 자세가 불편해지고 상대방의 말에 대한 흥미가 저하되며 귀담아듣기 힘든 상태에 이를 것이다. 한 걸음 더 나가보자.

의자가 서로 반대편을 향하는 상태 그대로 4~5미터 정도로 거리를 벌리고 이야기를 나눠본다. 의사소통에 일어나는 극적인 변화를 감지하라. 이 정도면 상대방이 무슨 말을 하는지 완전히 놓칠 수도 있다.

문제 있는 가족에 관한 연구를 시작한 후 내가 처음으로 발견한 사실은 가족들의 의사소통 대부분이 이런 식으로 이뤄진다는 점이었다. 예의 바르게 굴려면 상대방과 어느 정도 물리적 거리를 두어야만 한다는 생각은 버려라. 나의 판단으로는 사람들 사이에 90센티미터 이상의 거리가 생기면 인간관계에 엄청난 지장이 온다.

| 한 명은 앉고 한 명은 서 있는 상황 |

이번엔 다른 방법을 시도해보자.

한 사람은 일어서 있고, 다른 사람은 그의 바로 앞 바닥에 앉아서 서로 이야기를 나눈다. 1분 뒤 말을 멈추고, 각자의 위치에서 이야기하는 기분이 어땠는지 공유한다. 이제 서로 자리를 바꿔 1분 정도 이야기를 나눈 다음, 다시 느낌을 공유하자.

아직 각자의 위치를 유지한 상태에서 신체의 느낌을 의식해보라. 앉아 있는 사람은 올려다봐야 한다. 30초도 안 되어 목과 어깨가 아파지고, 눈과 눈 주변 근육에 무리가 오며, 고개도 뻐근해질 것이다. 서 있는 사람은 허리를 굽혀 내려다봐야 하므로 허리와 목 근육이 아파질 것이다. 그리고 근육의 긴장이 커지면서 더는 내려다보기가 힘들어질 것이다.

어떤 상호작용에서든 이런 자세가 초래하는 신체적 불편감은 전반적인 느낌에 부정적인 영향을 끼친다. 이 전반적인 느낌은 잠재적인 부분이라 본인은 의식하지 못한다.

그런데 어렸을 때 우리는 바닥에 앉아 있고 어른들이 주변에 서서 이야기하는 장면이 흔했다. 지금 당신의 가족 중 어린 자녀들의 위치가 바로 그렇다. 누구나 막 태어나서는 몸집이 작고 적어도 10~15년 동안은 부모보다 키가 작다. 의사소통 대부분이 방금 얘기한 위치에서 이뤄진다는 사실을 고려할 때, 평생 자신을 작게 느끼는 사람이 그토록 많은 이유를 충분히 이해할 수 있을 것이다. 또한 왜 그렇게 많은 사람이 인간으로서의 부모에 대해 왜곡된 시각을 가지고 성장하는지도 쉽게 이해할 수 있을 것이다.

똑같은 위치를 유지하되, 이번에는 성인의 캐릭터를 사용해보자. 예를 들면 한쪽이 남자, 다른 한쪽이 여자라고 가정하는 것이다. 그리고 당신의 부모 중 어느 쪽이 위에 있었고 어느 쪽이 아래에 있었는지 머릿속으로 그려보라.

약간 다른 관점에서 이 연습 활동에 접근해보자. 이번에도 앞의 연습 활동과 동일한 위치를 고수하되, 두 사람 모두 눈높이의 주변을 둘러본다. 바닥에 앉은 사람은 상대방의 무릎과 다리가 보일 것이다. 그 상태에서 아래를 내려다보면 상대방의 발이 아주 크게 보일 것이고 위를 올려다보면 성기, 배, 가슴, 턱, 코 등 돌출된 부위가 전부 보일 것이다. 모든 것이 정상적인 비율을 벗어나 있을 것이다.

내 사무실을 찾아온 사람들은 자기 부모의 심술궂은 표정, 커다란 가슴, 배, 턱 등에 대해 이야기하곤 했다. 하지만 실제로 그 부모를 만나 보면 이와는 영 딴판인 경우가 대부분이었다. 자녀는 비율이 맞지 않는 위치에서 바라본 일이 많았기 때문에 이처럼 위협적인 부모상을 갖게 된 것이다.

부모 역시 자녀를 왜곡된 비율에서 바라보면서 언제나 자녀가 어리다고만 생각할 수 있다. 유년기 초기에 형성된 이미지는 이후 경험의 토대가 되며, 절대 바뀌지 않을 수도 있다.

다음과 같은 변형도 시도해보자.

일어서고 앉은 상태의 두 사람이 서로 손을 잡는다. 이때 바닥에 앉아 있는 사람은 팔을 올리고, 서 있는 사람은 팔을 아래쪽으로 뻗게 된다.

앉아 있는 사람은 30초도 안 돼서 들어 올린 팔이 저려올 것이다. 팔을 아래쪽으로 뻗은 사람은 상대적으로 편안한 자세를 하고 있기 때문에 상대의 불편함을 깨닫지 못할 수도 있다. 그런데 앞서 이야기한 것처럼, 아이는 앉고 어른은 서 있는 위치일 때가 많다. 아이는 팔을 빼려고 몸부림을 칠 것이고, 어른은 이 '부정적인 행동'에 짜증을 느끼게 될 수도 있다. 이 가엾은 아이가 원하는 건 단지 편안함뿐이다. 결과적으로 의도치 않은 학대가 발생한다. 아이가 부모에게 양팔을 잡힌 채 질질 끌려가다시피 하는 장면을 얼마나 많이 봤는가? 또는 한 손에 아이를 붙잡고 바쁜 걸음으로 걸어가는 부모는?

또 다른 변형을 시도해보자.

일어서고 앉은 상태의 두 사람이 30초 동안 서로 바라보는 자세를 유지한다. 그런 다음 시선을 거둔다. 이것만으로 목, 눈, 어깨, 허리의 긴장이 얼마나 빨리 해소되는지 느껴보라.

이렇게 시선을 거두는 모습을 본 어른은 아이를 버릇없다고 생각하기가 쉬울 것이다. 반대로, 아이 입장에서는 시선을 거두는 부모의 행동을 무관심이나 거부로 해석할 수 있다. 그래서 관심을 끌기 위해 부모를 잡아당기는 행동을 할 수도 있다. 이때 부모는 아이가 성가시게 군다면 짜증을 내거나 때릴 수도 있다. 그러면 아이는 모욕감을 느끼고 상처를 받는다. 이 상호작용 전체가 아이에게 두려움과 증오의 감정을 심어주고 부모에 대한 거부의 감정을 갖게 한다. 안타까운 점은 각자가 그 원인을 인식하지 못한다는 점이다. 지금 집에 키가 작은 자녀가 있다면 그들과의 접촉이 어떤 식으로 이뤄지는지 잠시 상기해보기 바란다.

만약 부모가 자신을 잡아당기는 아이에게 안심하라는 의미로 머리를 가볍게 쓰다듬었는데, 힘 조절을 제대로 하지 못했다면 어떤 일이 발생할까? 일어선 사람이 앉아 있는 사람의 머리를 조금 힘주어 쓰다듬어보자. 기분 좋게 받아들여지는가, 아니면 머리를 얻어맞는 느낌인가?

지금까지의 연습 활동을 통해 알 수 있는 것은 서로 눈높이를 맞추는 것이 정말 중요하다는 점이다. 어린 시절의 경험은 엄청난 영향력을 발휘하며, 그걸 바꿀 만한 어떤 일이 일어나지 않는 한 그 경험은 미래에 대한 기준점이 된다. 어린아이들이 있다면 항상 눈높이를 맞추고 그들을 대하도록 노력하라.

의사소통의 핵심: 듣기와 말하기

이제는 두 사람이 서로를 깊이 이해하고 뜻을 파악하는 데 도움이 될 연습 활동들을 해보려 한다. 인간관계가 원활히 유지되려면 한 단어를 같은 뜻으로 이해하고 있어야 한다. 뇌가 입보다 훨씬 더 빠르게 돌아가기 때문에 우리는 내용을 압축해 표현하는 경우가 많은데, 상대방에게는 완전히 다른 의미로 전달될 수도 있다.

| 귀 기울여 듣기 |

사진 찍기 연습 활동을 통해, 우리는 뭔가를 봤다고 생각하지만 실제로는 본 것의 대부분을 머릿속으로 상상한다는 사실을 배웠다. 듣기에서도 이와 똑같은 일이 벌어진다. 다음 연습 활동을 해보자.

당신이 사실이라고 믿고 있는 문장 하나를 상대방에게 말한다. 그러고 나면 상대방이 목소리, 어조, 억양, 표정, 자세, 움직임을 그대로 흉내 내며 들은 내용을 반복해 말한다. 당신은 그 내용이 정확한지 어떤지를 파악하여 정확하면 정확하다고 이야기하고, 정확하지 않다면 증거를 제시한다. 그런 다음 서로 역할을 바꾼다.

이 연습 활동은 상대방의 말에 정말로 귀 기울이고 그 사람을 제대로 바라보는 데 집중할 수 있도록 도와준다. 경청과 주시에는 온전한 집중력이 요구된다. 정확히 보고 듣지 않으면 혹독한 대가를 치를 수도 있다. 쓸데없는 가정을 하고 그것을 사실처럼 취급하기 때문이다.

사람은 주의력을 기울여 바라볼 수도 있고 집중하지 않고 그냥 바라볼 수도 있다. 하지만 상대는 그 차이점을 알 수 없기에 사실은 자신을 보고 있지 않았는데도 봤다고 생각한다. 그리고 바라보던 사람은 자신이 기억하는 것이 자신이 본 전부라고 생각한다. 만약 이런 사람이 부모, 교사, 관리자처럼 권력을 가진 위치에 있다면 상대방에게 개인적인 상처를 입힐 수도 있다.

말에 대해 잠시 생각해보자. 누군가가 당신에게 말할 때 그 말이 이해가 되는가? 그 말이 믿어지는가? 이상하거나 말도 안 되는 소리처럼 느껴지는가? 상대방과 당신 자신에 대해 무엇을 느끼는가? 말을 이해하지 못해서 바보 같은 느낌이 드는가? 무슨 말인지 이해가 안 돼서 당황스러운가? 그럴 때 거리낌 없이 질문할 수 있는가? 만일 그럴 수 없다면 그냥 추측하는가?

이런 내면의 질문들은 자연스러운 것이고 가끔은 구체적인 우려와 연관되기도 한다. 이런 의문에 집중하다 보면 더는 경청하기가 어려워진다. 자기 내면의 대화에 신경이 더 쓰이기 때문이다.

당신이 상대방의 말을 들으려 애쓰는 동안은 마치 세 개의 링을 돌리는 묘기를 부리고 있는 것과 같다. 상대방의 목소리에 주의를 기울이고, 당신이 느끼는 바에 대해 이야기할 자유를 의식하는 한편, 상대방의 말에서 의미를 찾아내는 활동에도 집중해야 하기 때문이다. 이것은 두 사람에게 일어나는 복잡한 내적 움직임으로, 거기서부터 의사소통이 시작되고 두 사람 사이의 상호작용이 이뤄진다.

상대방의 말을 경청하면서 몰입하는 방법을 배워야 한다. 별로 듣고 싶지 않거나 도저히 그럴 수 없는 상황일 때는 귀 기울이는 척하지 말라. 그냥 "지금 집중하기가 힘드네요"라고 솔직히 털어놓아야 한다. 그래야 오해가 일어나는 상황을 줄일 수 있다. 이것은 모든 상호작용에 해당하지만 특히 성인과 아이 사이에서는 더더욱 그렇다.

| 의미를 정확히 공유하기 |

이제 의미 찾기 연습 활동으로 넘어가 보자.

두 사람이 얼굴을 마주 보고 앉는다. 먼저 한 사람이 문장 하나를 말한다. 상대방은 "~라는 뜻인가요?"라고 물어 제대로 이해했는지 확인한다. "네"라는 대답을 세 번 들을 때까지 계속한다. 예를 들어보겠다.

"여기 좀 더운 것 같군요."
"불편하시다는 뜻인가요?"

"네."

"저도 덥냐고 물으시는 건가요?"

"아니요."

"저한테 물이라도 한잔 가져다 달라는 뜻인가요?"

"아니요."

"당신이 덥다는 걸 제가 알아주었으면 좋겠다는 뜻인가요?"

"네."

"그에 대해 제가 뭔가를 해주었으면 좋겠다는 뜻인가요?"

"네."

적어도 이 시점이 되면 듣는 사람은 말하는 사람의 의미를 이해했을 것이다. 만일 "네"라는 대답을 한 번도 할 수 없는 질문만 계속된다면 창문을 열어달라거나 에어컨을 켜달라는 식으로 의도한 바를 직접 얘기하는 게 나을 것이다. 이 활동을 해보면 상대방의 말에 대해 불필요한 가정을 함으로써 오해하기가 얼마나 쉬운지 깨닫게 된다.

의미 찾기 연습 활동을 하는 동안, 상대방의 뜻을 이해하기 위해 의도적으로 노력하는 과정에서 신뢰감과 즐거움을 느낄 수 있었는가? 어쩌면 같은 말에 대해서도 모두가 다른 이미지를 가지고 있다는 점이 좀 더 분명해졌을지도 모른다. 그 이미지를 배우는 과정을 바로 '이해' 라고 한다.

혹시 집에서 다음과 같은 상황을 겪은 적은 없는가?

당신이 퇴근해서 집에 돌아오니 배우자가 묻는다.

"오늘 하루 어땠어요?"

당신은 이렇게 대답한다.

"아, 특별한 일 없었어."

이 짧은 대화에서 명확하게 드러나는 의미는 무엇일까? 이런 상황을 꽤 자주 겪는 한 부인은 자기 남편이 바로 이런 식으로 자신의 관심을 외면한다고 말했다. 반면, 그녀의 남편은 아내가 이런 방법으로 자신에게 딱히 신경 쓰지 않음을 보여준다고 말했다.

"오늘 하루 어땠어요?"라는 말은 "나 오늘 힘겨운 하루를 보냈어요. 당신을 보니 기분이 좀 나아지네요"라는 의미일 수 있다. 또는 "요새 당신 일이 힘들잖아요. 오늘은 괜찮았어요?"라는 뜻일 수도 있고, "오늘 뭔가 재미있는 일이라도 있었는지 궁금해요"라는 의미일 수도 있다.

또 "아, 특별한 일 없었어"는 "나한테 관심 가져줘서 고마워"라는 의미일 수 있다. 아니면 "또 꼬투리 잡으려고? 그만 좀 해"라는 의미일 수도 있다. 이처럼 의미가 다중적으로 해석될 수 있으므로 반복 질문을 통해 오해를 줄이는 과정이 필요하다.

의사소통에서 흔히 발생하는 몇 가지 함정

의사소통에서 가장 흔한 함정은 남들이 자신의 모든 걸 이미 알고 있다고 가정하는 것이다. 이것을 독심술법이라고 한다. 한 젊은이는 어머니한테 억울하게 꾸지람을 들었다고 투덜댔다. 알고 보니 이런 내용이었다. 그들 모자는 외출을 할 때면 미리 이야기를 하기로 서로 약속했다고 한다. 그런데 어느 날 말도 없이 외출했다고 어머니한테 한소리 들었다는 것이다. 그는 어머니한테 미리 알려드렸다면서 이렇게 얘기했다. "그날 제가 셔츠 다림질하는 거 어머니도 보셨단 말이에요. 외출하는 날이 아니면 제가 다림질 같은 거 하지 않는다는 걸 알고 계시면서 저를 꾸짖으시니 억울해요."

그리고 한 단어로 의사소통을 하는 힌트법이라는 것도 있다. 어떤 기자가 취재차 양로원을 방문했다. 원장이 기자를 이곳저곳 데리고 다니며 안내해주는데, 어떤 방에서 "31번"이라고 외치는 소리가 들렸다. 그러자 사람들이 손뼉을 치며 웃어댔다. 이어서 몇 가지 숫자가 외쳐지고 떠들썩한 웃음이 계속됐다. 그런데 누군가가 "11번!"이라고 외치자 침묵이 흘렀다. 기자가 어떻게 된 일이냐고 묻자, 원장이 대답해주었다. 노인들이 여기 워낙 오래 머물다 보니 서로의 우스갯소리를 이미 다 알고 있고, 매번 같은 이야기를 되풀이하는 수고를 덜기 위해 농담에 번호를 붙였다는 것이다. 기자가 "그런데 왜 11번의 반응은 이런 거예요?"라고 또 물으니 원장은 "그 딱한 할아버지는 한 번도 농담을 재밌게 한 적이 없어서 그렇답니다"라고 대답했다.

추측 역시 아주 흔한 함정이다. 추측은 어디까지나 추측일 뿐 정확하지 않다. 그런데도 추측을 자주 하는 까닭은 서로 간에 불필요한 거리를 두기 때문이다. 게다가 사람들의 말솜씨가 형편없다는 점도 한몫

한다!

　합판을 사 오라고 아들을 목재소에 보낸 아버지 때문에 한바탕 소동이 일어난 어느 가족 이야기를 해보겠다. 아들은 순종적인 성격인 데다가 아버지를 기쁘게 해드리고 싶었고, 아버지의 지시를 이해했다고 생각했다. 아들은 목재소에 가서 90센티미터짜리 합판을 사 왔다. 합판의 길이가 너무 짧은 것을 보고 아버지는 멍청하고 쓸모 없는 녀석이라며 화를 냈다. 자기가 어떤 합판을 원하는지 아들이 모르리라는 생각은 전혀 하지 못한 것이다. 그는 상담 과정에서 이 이야기를 나누고 난 뒤에야 자신이 구체적인 길이를 말한 적이 없다는 사실을 깨닫고 아들에게 사과했다. 이런 대화는 사람들 사이에서 나무나 자주 일어난다.

　사람들은 특정 상황에서 특정한 말을 하는 데 너무나 익숙해져 있어서 반응이 자동으로 튀어나오기도 한다. 예를 들어 기분이 썩 좋지 않은데도 누군가가 안부를 물으면 무조건 "응. 괜찮아"라고 대답하는 식이다. 습관처럼 대답하는 것이거나 어차피 상대방도 진지하게 묻는 게 아니니 대강 답변하는 것이다.

　표현 과정에서 일어나는 왜곡도 하나의 함정이다. 사람들은 보거나 들은 걸 묘사함으로써 마음의 그림을 확인할 수 있다. 묘사를 하는 데는 판단적judgmental 언어와 서술적descriptive 언어가 있다. 사람들은 서술을 의도하면서도 은연중 판단적인 단어를 포함함으로써 그림을 왜곡하곤 한다. 예를 들어 내가 당신의 앨범을 보다가 얼굴에 흙이 묻은 당신 모습을 발견했다고 해보자. 내가 서술적인 단어를 써서 "얼굴에 흙이 묻었네"라고 말한다면 아무 문제가 없을 것이다. 그러나 판단적인 단어를 보태서 "얼굴에 지저분하게 흙이 묻었네"라고 말한다면 당신은 기분이 언짢을 것이다.

여기에는 두 가지 위험 요소가 있다. 첫째는 내가 내 기준대로 당신을 읽었다는 것이고, 둘째는 당신에게 라벨을 붙였다는 것이다. 예를 들어 당신은 남자인데 내가 당신이 우는 걸 봤다고 치자. 남자는 약해 보이면 안 되므로 절대 울지 말아야 한다는 게 평소의 내 생각이라면, 나는 당신이 약한 사람이라고 결론짓고 그렇게 대할 것이다.

만약 내가 주어진 그림에서 어떤 의미를 찾았는지 당신에게 이야기하되 판단적인 태도를 피하고 내 느낌만을 말해주고, 당신도 나에 대해 그렇게 한다면 적어도 우리는 서로에게 솔직해질 수 있다. 우리가 발견한 의미가 맘에 들지 않을 수도 있지만 적어도 서로를 이해하게 된단 얘기다.

나는 가족들에게 지금까지 설명한 교육적인 연습 활동을 적어도 일주일에 한 번씩 실시하라고 권한다. 가장 우선적이고 기초적인 의사소통 학습은 가정에서 이뤄지기 때문이다. 서로 내적 공간의 움직임을 공유하면, 두 가지 중요한 목표를 달성할 수 있다. 하나는 상대방을 진정으로 잘 알게 돼 더욱 친숙해질 수 있다는 것이고, 다른 하나는 의사소통을 훌륭한 도구로 사용하여 양육적인 가정을 만들어갈 수 있다는 것이다.

자존감은 의사소통에
어떤 영향을 미칠까?

여러 해 동안 사람들 사이의 상호작용을 귀담아듣다 보니, 의사소통 방식에 보편적인 유형이 있다는 걸 알게 됐다. 특히 사람들이 스트레스에 반응할 때와 자존감이 감소했다고 느낄 때 회유placating, 비난blaming, 계산computing, 혼란distracting 등 네 가지 유형을 보였다.

이 유형들을 좀 더 자세히 이해하기 시작하면서, 자존감을 확고히 발달시키지 못한 사람일수록 자존감이 쉽게 바닥난다는 걸 알게 됐다. 자아에 확신을 갖지 못하면 남의 행동과 반응을 바탕으로 자신을 정의하기가 쉽다. 예를 들어 누군가가 자기를 철부지라고 부르면, 그 말이 맞는지 아닌지 확인하지도 않고 무조건 동조하고 받아들인다.

자존감에 대한 확신이 적은 사람은 이 함정에 빠지기가 쉽다. 나는 당신이 외부에서 들어오는 정보를 토대로 자신을 정의하지 말고 스스로 판단하여 자신을 이해하기를 바란다.

마찬가지로 스트레스 자체를 자존감에 대한 공격으로 여길 필요는 없다. 스트레스를 느끼는 건 고통스럽거나 짜증스러울 수 있지만 그렇다고 자신의 가치를 의심해서는 안 된다.

자존감이 바닥날 때 당신의 내면에서 느껴지는 감정을 알고 있는가? 나는 속이 뒤틀리고 근육이 긴장되며, 숨을 쉬기가 힘들어지고, 때로는 어지러움을 느끼기도 한다. 이런 일들이 벌어지는 동안, 나는 자신과의 대화에 온 신경을 곤두세운다. 그럴 때 내면에서는 '누가 나 따위를 신경 써줘? 뭐 하나 제대로 할 줄 아는 것도 없고, 나는 별 볼 일 없는 존재야' 같은 말이 오간다. 내가 당혹스러움·걱정스러움·무능력함·쓸모없음·두려움 등을 느낀다는 뜻이고, 한마디로 내 솥이 바닥을 보인다는 얘기다.

말과 몸이 따로따로 신호를 보낼 때

당신이 말을 할 때는 당신의 전부가 말하는 것임을 기억하자. 입을 벌려 말을 할 때마다 얼굴, 목소리, 몸, 호흡, 근육도 함께한다는 이야기다.

- 언어적 의사소통: 단어
- 신체적 의사소통: 표정, 자세, 근육의 긴장, 호흡 속도, 음성, 몸짓

말과 신체의 불일치는 이중적인 메시지를 전달한다. 입으로는 A라고 말하면서 몸으로는 B라고 말하기 때문이다. 혹시 당신도 "정말 반가워!"라고 말하면서 인상을 살짝 찌푸리는 친구를 보고 당황스러웠던 적은 없는가?

내가 만나본 문제 있는 가족들은 이중 메시지를 내보내는 경우가 잦았다. 말하는 사람이 다음과 같은 상황일 때 이중 메시지가 전달된다.

- 자존감이 낮고 그렇게 느낀다는 사실 때문에 움츠러들 때
- 상대방의 감정을 상하게 할까 봐 두려울 때
- 상대방이 복수할까 봐 걱정될 때
- 관계를 망칠까 봐 두려울 때
- 상대방이 신경 쓰게 하고 싶지 않을 때
- 자신만 의식하고 상대방이나 상호작용 자체에 관심이 없을 때

그런데 정작 당사자는 자신이 이중 메시지를 보내고 있다는 사실을 알지 못한다. 어쨌든 듣는 사람은 두 가지 메시지를 접하게 되는데, 의사소통의 결과는 듣는 사람이 어떻게 반응하느냐에 따라 크게 달라진다. 일반적으로 나올 수 있는 반응은 다음과 같다.

① 말을 받아들이고 나머지는 무시한다.
② 비언어적인 부분을 받아들이고 말은 무시한다.
③ 화제를 바꾸거나 자리를 뜨는 식으로 전체 메시지를 무시한다.

④ 메시지의 미심쩍은 부분에 대해 질문한다.

예를 들어 내가 얼굴에 미소를 지으면서 입으로는 "아, 울적해"라고 말한다면 이중 메시지를 보내는 셈이다. 당신은 어떤 선택을 하겠는가?

앞의 네 가지 반응 중 ①번처럼 반응해서 "그것참 안됐네"라고 말한다면, 나는 "농담이야"라고 대답할지도 모른다. ②번처럼 나의 미소에 반응해서 "기분 좋아 보이는데 뭘"이라고 이야기한다면, 나는 "내 말은 귓등으로 들은 거니?"라고 말할 수도 있다. ③번처럼 당신이 내 메시지 전체를 무시하고 읽던 신문으로 다시 고개를 돌린다면, 나는 "나한텐 신경도 안 쓰이니?"라고 말할 수도 있다. 어쩌면 당신이 ④번처럼 반응해 "무슨 이야기를 하려는 건지 모르겠네. 웃으면서 울적하다고 하니 말이야. 무슨 일 있어?"라고 물을 수도 있을 것이다. 그러면 나는 "네가 신경 쓸까 봐 그랬어"라는 식으로 대답할 기회를 얻게 된다.

두 사람 사이에서 순간적으로 이뤄지는 의사소통에는 표면적으로 드러나는 것보다 더 많은 여러 가지 차원이 존재한다. 빙산의 아주 작은 일부분만이 우리 눈에 보이듯, 겉으로 드러나는 건 실제 진행되는 일의 아주 작은 부분뿐이다.

다음의 예를 보자.

"퇴근이 왜 이렇게 늦어요?"

"아, 왜 또 잔소리야!"

상대방에 대한 양측의 인식에 무슨 일인가가 벌어지고 있다. 이럴 때는 서로 간의 불신, 자존감 저하, 좌절로 이어질 수 있다. 반대로, 관계가 보다 깊어지고 신뢰가 쌓일 가능성도 있다. 어떤 결과가 나오느냐는 상대방이 선택하는 반응에 따라 달라진다.

상대방에게 거부당할 위협을 회피하기 위해 사람들이 사용하는 보편적인 유형 네 가지를 좀 더 자세히 살펴보자. 위협을 느끼고 거기에 반응하는 사람들은 자신의 약점을 드러내고 싶지 않다는 생각에 다음과 같은 방법으로 은폐를 시도한다.

- 상대방이 화를 내지는 않을까 눈치를 보면서 회유한다.
- 상대방이 자신을 강한 사람으로 인식하도록 그를 비난한다.
- 계산적인 태도로 마치 아무렇지도 않다는 듯 위협에 대응하고, 거창한 말과 지적인 개념 뒤에 숨는다.
- 주의를 분산시켜 위협을 무시하고, 마치 위협이 거기 존재하지 않는 것처럼 행동한다.

네 가지 절름발이 의사소통 유형

나는 사람들이 남들에게는 분명히 드러나지만 정작 본인은 의식하지 못하는 자기 모습에 눈을 뜰 수 있도록, 이것을 네 가지 신체 자세로 정리해봤다. 얼굴과 목소리의 메시지를 과장하고 몸 전체로 확대하여 누구라도 쉽게 알아볼 수 있게 했다. 그리고 어떤 반응인지를 분명히 드러내기 위해 간단한 예를 제시했다.

| 회유형 |

말	동의	"당신이 원하는 거라면 무엇이든 괜찮아요. 나는 그저 당신을 행복하게 해주려고 여기 있는 거예요."
몸	진정	나에겐 아무런 힘이 없어.
	내면	난 별 볼 일 없는 사람이고, 아무짝에도 쓸모가 없어.

회유형은 상대방의 비위를 맞춰가며 말을 한다. 어떤 상황에서든 상대방을 기쁘게 하려고 애쓰고 미안한 마음을 표현할 뿐 절대 반기를 들지 않는다. 이런 유형의 사람들은 스스로는 아무것도 할 수 없고 항상 누군가의 허락을 얻어야만 한다고 생각한다. 나중에 알게 되겠지만, 5분 동안이라도 이 역할을 맡아 연기해보면 메스꺼운 느낌이 점점 강해져 토하고 싶어진다.

회유형 역할을 잘 연기하려면 자신을 정말 아무것도 아닌 존재로 생각하면 된다. 모두에게 빚을 지고 있다고 생각하고, 일이 잘못되면 항상 자기 탓이라고 느낀다. 당연히 자신에게 향하는 비난을 모두 수긍한다. 심지어 어떤 말을 어떻게 하든, 누군가가 말을 걸어준다는 사실 자체를 고마워한다. 반면, 자신을 위해서는 아무것도 요구할 생각을 하지 못한다.

생각할 수 있는 가장 느끼하고 희생적이고 아첨에 능한 사람을 떠올리면 된다. 한쪽 무릎을 꿇고 약간씩 몸을 흔들면서 마치 구걸하듯이 두 손을 공손히 내민 자세를 떠올려보라. 목이 아플 정도로 고개를 쳐들면 눈이 피로해지고 곧이어 머리 전체가 아파질 것이다. 이런 자세로 말을 하면 우렁차고 큰 목소리를 낼 공기가 제대로 공급되지 않기 때문에 짜증스럽고 끽끽대는 목소리가 나온다. 그러고는 자신의 감정이나 생각과 상관없이 모든 일에 "예, 예"를 연발하라.

| 비난형 |

말	반대	"그걸 그렇게 하면 안 되지! 당신은 뭐 하나 제대로 하는 법이 없어."
몸	비난	내가 대장이야.
	내면	나는 외로운 실패자야.

비난형은 잔소리꾼이자 독재자로, "너만 아니었다면 모든 일이 잘 풀렸을 거야"라는 식으로 이야기하는 경향이 있다. 신체적으로는 근육과 장기가 긴장하고 혈압이 높다. 목소리는 딱딱하고 경직되어 있으며 날카롭고 큰 경우가 많다.

비난형 역할을 제대로 연기하려면 되도록 목소리를 크게 내고 잘난 보스처럼 행동해야 한다. 모든 것, 모든 사람을 거절하라. 나무라듯이 손가락질을 하면서 "너, 절대 이렇게 하지 마", "넌 항상 그런 식이야", "넌 왜 맨날 그러니?"라는 말을 번갈아 사용하라. 상대방의 답변은 개의치 말라. 그건 중요하지 않다. 비난형은 무언가를 제대로 알아보는 것보다 권력을 휘두르는 데 훨씬 더 관심이 있다.

누군가를 비난할 때는 약간 가쁜 숨을 쉬거나 아예 호흡을 멈추기 때문에 목 근육이 긴장된다. 튀어나올 듯 눈을 부라리고 목에 핏대를 세우며 얼굴이 벌게진 상태로 고래고래 소리를 지르는 사람을 본 적 있는가? 한 손을 허리춤에 얹고 다른 한 팔은 손가락을 쭉 뻗어 누군가를 가리키며 선 자세를 생각해보라. 얼굴은 일그러지고 입술을 삐죽거리며 콧구멍은 있는 대로 넓힌 상태로, 버럭버럭 소리를 지르고 욕을 하며 안하무인격으로 호통을 친다.

비난형은 사실 자신을 쓸모 있는 사람이라고 느끼지 않는다. 그래서 누군가를 복종시킴으로써 자신이 중요한 사람임을 확인하려고 한다.

| 계산형 |

말	이성	"제 손을 주의 깊게 관찰하면 그간 제가 얼마나 업무에 충실했는지, 과로의 흔적이 남은 이 손을 통해 알 수 있을 것입니다."
몸	계산	나는 조용하고 차분하고 침착해.
	내면	나는 쉽게 상처받아.

계산형은 아주 정확하고 매우 합리적이며 감정 같은 걸 드러내지 않는다. 이런 유형은 조용하고 차분하며 침착하다. 실제 컴퓨터나 사

전에 비교할 수 있다. 몸은 뻣뻣하고 차갑고 고립된 느낌이며, 목소리는 단조롭고, 추상적인 표현을 자주 쓴다.

계산형을 연기하려면 무슨 뜻인지 확실히 모르더라도 되도록 길게 말해야 한다. 적어도 남들 귀에 지적으로 들려야 한다. 한 단락쯤 말하고 나면 어차피 아무도 귀담아듣지 않을 테니까. 이 역할을 정말로 잘 연기하고 싶다면 척추가 엉덩이에서부터 목덜미까지 이어지는 긴 강철 막대로 되어 있으며 목둘레에 두꺼운 쇠고리를 채워놓았다고 상상하라. 입을 포함해 전신을 되도록 움직이지 말라. 손을 꼼짝도 하지 않으려면 애를 써야 하겠지만 어쨌든 그렇게 하라.

계산형인 사람은 두개골 아래로는 아무런 느낌이 없기 때문에 목소리도 당연히 가라앉아 있다. 몸은 거의 움직이지 않고 머리는 적절한 단어를 찾느라 분주하다. 절대 실수를 해서는 안 된다. 안타까운 점은 많은 사람이 이런 유형이 되는 걸 이상적인 목표로 삼고 있다는 것이다.

| 혼란형 |

말	관련 없음	말에 논리가 없거나 관계없는 주제에 관해 말한다.
몸	부산스럽게 움직임	나는 지금 여기 없어.
	내면	아무도 내게 관심이 없어.

혼란형의 행동이나 말은 다른 사람의 말이나 행동과 관련이 없다.

이 사람은 요점에 대응하지 않는다. 내면적인 감정은 어지러움이다. 목소리는 억양이 없고 말하는 내용과 조화되지 않으며 어디에도 초점이 없기 때문에 이유 없이 오르락내리락할 수 있다.

혼란형 역할을 연기할 때는 자신을 중심 잃은 팽이라고 생각하라. 계속 돌고는 있지만 언제, 어디로 갈지 모르는 팽이 말이다. 입, 몸, 팔, 다리를 부지런히 움직여야 하고 말에 절대 핵심이 없어야 한다는 점에 유의하라. 사람들의 질문은 무시하라.

몸은 한꺼번에 각기 다른 방향으로 움직인다고 생각하라. 무릎은 안짱다리처럼 한데 모은다. 엉덩이는 내밀고 어깨는 움츠리고 팔과 손은 서로 반대 방향으로 뻗는다. 처음에 이 역할을 맡으면 쉽다고 생각할지 몰라도, 몇 분 뒤면 견딜 수 없는 외로움과 무의미함이 엄습한다.

우리는 이런 의사소통 방식을 아주 어릴 때부터 습득한다. 아이들은 자신이 처해 있는 복잡하고 때로는 위협적인 세상을 헤쳐나가는 과정에서 이런 의사소통 유형 중 한두 가지를 시도해본다. 그리고 그런 의사소통에 익숙해지면 아이는 자아감과 반응을 구분할 수 없게 된다.

이 네 가지 반응 중 어느 하나라도 이용할 경우 개인의 자존감은 분명히 낮아진다. 이런 의사소통 방식들은 우리가 가정에서 권위에 대해 배우는 방식과 지배적인 사회 분위기로 한층 더 강화된다.

"남들이 신경 쓰게 하지 마라. 너 자신을 위해 뭔가를 요구하는 건 이기적인 행동이다"라는 식의 교육은 회유형을 강화한다. "누가 너를 이용하도록 내버려 두지 마라. 겁쟁이가 되지 마라"라는 교육은 비난형을 강화한다. "바보처럼 굴지 마. 너는 똑똑하니까 절대 실수해선 안 돼"라는 교육은 계산형을 강화한다. "너무 심각하게 생각하지 마. 현실을 즐겨야지"라는 교육은 혼란형을 강화한다.

이상적인 의사소통 유형: 수평형

사람들의 의사소통 방식이 전부 앞에 소개한 네 가지 유형 중 하나에 속하는 걸까? 물론 그렇지 않다. '수평형'이라고 부르는 유연한 반응도 있다. 이 반응에서는 메시지의 모든 부분이 같은 방향으로 흘러간다. 입에서 나오는 말은 표정, 자세, 목소리 톤과 일치한다. 관계는 여유 있고 자유롭고 솔직하며, 사람들은 자존감에 거의 위협을 느끼지 않는다. 이런 반응은 회유하거나 비난하거나 계산하거나 끊임없이 몸을 움직여야만 한다는 욕구를 누그러뜨린다. 다섯 가지 반응 중 수평형만이 불화를 치유하고 교착상태를 깨뜨리며 사람들 사이에 다리를 놓아줄 수 있다.

수평형 의사소통을 하는 사람은 자신이 의도치 않은 어떤 행동을 했다는 걸 알게 됐을 때 즉시 사과한다. 존재에 대해서가 아니라 행동에 대해 사과하는 것이다. 마찬가지로 비판과 평가도 사람 자체가 아니라 행동을 대상으로 하기에 수평적인 방법으로 이뤄진다.

지적인 이야기를 나누거나 강의 또는 설명을 하거나 지시를 내려야 하는 상황에서는 단어의 의미가 정확해야 한다. 이럴 때 수평형 의사소통을 사용하면 설명을 하면서도 감정을 드러내고 자유롭게 몸을 움직일 수 있다. 또한 이야기하다가 화제를 바꾸고 싶을 때도 우물쭈물하지 않고 원하는 바를 이야기할 수 있다.

수평형에서는 말과 행동이 일치한다. 수평형 의사소통을 하는 사람이 "네가 정말 좋아"라고 말한다면, 목소리는 따스하고 시선도 정확히 상대를 향한다. 반대로 "너한테 분노가 치밀어"라고 말한다면, 목소리가 거칠고 얼굴도 경직되어 있다. 수평형 의사소통을 하는 사람의 메시지는 이렇게 단순하고 직접적이다. 수평형에서는 그 순간 말하는 사람의 진실이 표현된다. 용감한 척 말하면서도 정작 속으로는 무력감을 느끼는 비난형과 대조적이다.

마지막으로 수평형은 부분적이지 않고 완전하다. 예를 들면 몸을 전혀 움직이지 않고 입만 아주 약간 움직이는 계산형과 달리, 행동·생각·느낌이 모두 겉으로 나타난다. 또한 통일성, 유연성, 개방성을 보이고 활력 있는 삶을 살아간다. 누구라도 이런 사람들에게는 신뢰를 갖게 될 것이며, 곁에 있으면 기분이 좋아질 것이다.

다섯 가지 유형의 반응 예시

이제 이 다섯 가지 자기표현 방법을 구분하는 데 도움이 되도록 다섯 가지 반응을 소개하겠다.

누군가가 실수로 당신 팔을 툭 쳤다고 가정해보자. 이때 각각의 유형은 다음처럼 사과한다.

> **회유형:** (시선을 내리깔고 양손을 공손히 모으며) 부디 용서해주세요. 제가 잠깐 한눈을 팔았어요.
>
> **비난형:** (눈을 부라리며) 아 깜짝이야, 당신이 지금 내 팔을 쳤잖아! 좀 조심하라고!
>
> **계산형:** 사과드리겠습니다. 제가 지나가다가 부주의하게 당신의 팔을 쳤군요. 만약 손해를 입으셨다면 제 법률 대리인에게 연락해주시기 바랍니다.
>
> **혼란형:** (다른 사람을 바라보며) 이런, 이 사람 열 받았네. 누구랑 부딪혔나 봐.
>
> **수평형:** (그 사람을 정면으로 바라보며) 미안합니다. 어디 다치신 데는 없나요?

또 다른 상황을 가정해보자. 아들이 방을 어지른 데 대해 각 유형의 아버지는 이렇게 말한다.

> **회유형:** (조용한 목소리와 우울한 표정으로) 음…, 아버지는 말이다…. 괜찮니? 화내지 않겠다고 약속해줄래? 아니, 넌 잘하고 있어. 다만 조금 더 잘할 수 있지 않았을까? 아주 조금만, 안 그래?
>
> **비난형:** (삿대질을 하며) 도대체 넌 뭐가 잘못된 거냐? 방 하나 치우는 것도 제대로 못 하냐, 이 멍청아?

계산형: 우리 가정의 능률을 검토해봤다. 그 결과 이 부분, 즉 네가 있는 곳에서 능률이 저하되기 시작했다는 걸 발견했단다. 여기에 대해 무슨 할 말 있니?

혼란형: (곁에 서 있는 다른 아이에게 시선을 주며) 아니, 아무 문제 없다. 그냥 집 안을 한 바퀴 둘러보고 있었어.

수평형: 아들아, 방이 엉망이구나. 일단 침대 정리부터 해야겠다.

오랜 행동 습관을 버리고 수평형 인간이 되기란 결코 쉽지 않다. 이 목표를 달성하는 데 도움이 되는 한 가지 방법은 수평형 의사소통을 하지 못하게 가로막는 두려움의 원인을 파악하는 것이다. 사람들은 거절을 몹시 두려워하기에 그걸 피하려고 다음과 같은 식으로 자신을 위협하는 경향이 있다.

① 실수를 할지도 몰라.

② 그걸 싫어하는 사람이 있을지도 몰라.

③ 누군가가 나를 비판할 거야.

④ 남을 번거롭게 할 수도 있어.

⑤ 그 사람은 내가 쓸모없는 녀석이라고 생각할 거야.

⑥ 사람들이 나를 결함이 있다고 생각할지도 몰라.

⑦ 그가 나를 떠날지도 몰라.

앞의 문장에 대해 자신에게 다음과 같이 답할 수 있을 때, 진정한 성장을 이룰 것이다.

① 내가 어떤 행동을 취한다면, 특히 그게 새로운 행동이라면 당연히 실수를 할 수도 있지.

② 내가 하는 일을 달가워하지 않을 사람도 있을 거야. 모든 사람이 똑같을 수는 없으니까.

③ 맞아, 누군가는 나를 비판할 거야. 사실 난 완벽하지 않아. 그리고 어느 정도의 비판은 도움이 되기도 하지.

④ 물론이지! 내가 다른 사람에게 말을 걸고 자꾸 끼어들면 당연히 그를 번거롭게 할 수 있지!

⑤ 어쩌면 그 사람은 내가 쓸모없는 녀석이라고 생각할 수도 있어. 때로는 내가 썩 매력적이지 않을 수도 있으니까. 그래도 그냥 웃어넘겨야지.

⑥ 내가 스스로 완벽해져야 한다고 여긴다면 난 결점만 찾느라 바쁘겠지.

⑦ 어쩌면 그가 떠날지도 모르지. 그래도 나는 결국 잘 견뎌낼 거야.

이런 태도는 당신이 두 발로 당당히 일어설 기회를 마련해준다. 물론 쉽지 않을 것이고, 고통도 따를 것이다. 하지만 자기 자신을 보며 웃어넘길 수 있다면 그 여정은 훨씬 수월해질 것이다. 당신은 자아를 성장시키고 스스로에 대해 자신감을 느낄 수 있다.

지금쯤 당신은 이 수평형이 어떤 마법의 레시피가 아니라는 사실을 깨달았을 것이다. 이것은 실제 상황에서 실제 사람들에게 쓸 수 있는 반응 방법이다. 이렇게 함으로써 당신은 상대방에게 점수를 따기 위해서가 아니라 정말로 동의할 때 동의한다고 말할 수 있다. 또 감정이나 영혼을 억누르지 않고 자유롭게 생각할 수 있다. 그리고 궁지에서 벗어나기 위해서가 아니라 정말 원하고 필요하기 때문에 화제를 전환할 수 있다.

수평형으로 반응하는 사람이 되려면 배짱, 용기, 믿음 그리고 몇 가지 새로운 기술이 필요하다. 그걸 가짜로 꾸며낼 수는 없다. 사람들은 솔직함, 성실함, 신뢰에 굶주려 있다. 그들이 그걸 깨닫고 직접 실천할 용기를 낼 때 타인과의 거리를 좁힐 수 있다.

외로움, 자포자기, 사랑받지 못한다는 느낌, 낮은 자존감, 무기력함은 이 세상에서 인간을 병들게 하는 진짜 악이다. 어떤 의사소통 방식은 이 상태를 지속시키지만, 그걸 바꿀 수 있는 의사소통 방식도 있다. 바로 수평형 의사소통 방식이 그렇다. 이 방식을 제대로 이해하고 그 가치를 인정할 수 있다면 어떻게 사용하면 좋은지도 배울 수 있을 것이다.

처음 네 가지 의사소통에 대해 과장을 하긴 했지만 나는 그런 의사소통 방식의 파괴적인 속성을 매우 심각하게 받아들인다. 다음 장에서는 내가 개발한 연습 활동을 해보면서 각 의사소통 유형이 정확히 어떤 것인지 직접 체험하게 될 것이다. 그것이 몸에 가하는 부담, 다른 사람들과의 관계에서 형성되는 불신, 그리고 거기서 나오는 실망스럽고 불행한 결과를 쉽게 이해할 수 있을 것이다.

역할극을 통해
잘못된 의사소통을 체험해보자

7장

이제 우리는 의사소통과 관련한 연습 활동을 할 준비가 됐다. 도전 정신을 갖고 성실히 임해주길 바란다. 나는 유치원 아이들부터 기업인, 성직자, 병원 의료진과 직원 및 가족들에 이르기까지 세계 곳곳의 다양한 그룹에 이 활동을 소개해왔다.

이 연습 활동을 해보면 당신 자신에 대해서는 물론이고 다른 식구들, 그리고 가족 모두가 어떻게 서로 영향을 주고받는지 배우면서 분명 놀라게 될 것이다. 나도 이 활동을 할 때마다 뭔가 새로운 걸 배운다. 내가 잠시나마 중심을 잃고 흔들릴 때 균형 있는 시각을 되찾도록 도와주었으며 확실한 성장 수단이 되어주었다. 당신 역시 나와 비슷한 경험을 하게 되길 바란다.

역할극에 앞서 준비하기

일단 한 번에 세 사람이 같이하는 역할극부터 해보자. 나머지 사람들은 관찰자가 된다. 3인조로 시작하는 이유는 이것이 부모와 자녀 한 명으로 이뤄진 기본적인 가족 단위이기 때문이다. 가족 중 아무나 세 명을 뽑아 시작할 수도 있지만, 가장 나이가 많은 자녀와 함께 시작하는 게 바람직하다. 덧붙이자면 적어도 세 살은 넘어야 한다.

첫 번째 3인조는 아빠, 엄마, 첫째 아이로 구성할 수 있다. 가정 내의 의사소통을 제대로 이해하고 싶다면 조합 가능한 3인조 모두와 번갈아 가며 역할극을 해볼 것을 권장한다. 물론 역할극은 한 번에 하나의 3인조로 진행된다. 만약 5인 가족이라면 3인조의 조합은 다음과 같이 될 것이다.

- 아빠 – 엄마 – 첫째 아이
- 아빠 – 엄마 – 둘째 아이
- 아빠 – 엄마 – 셋째 아이
- 아빠 – 첫째 아이 – 둘째 아이
- 아빠 – 둘째 아이 – 셋째 아이
- 아빠 – 첫째 아이 – 셋째 아이
- 엄마 – 첫째 아이 – 둘째 아이
- 엄마 – 둘째 아이 – 셋째 아이
- 엄마 – 첫째 아이 – 셋째 아이

• 첫째 아이 – 둘째 아이 – 셋째 아이

이렇게 하면 모두 열 개의 3인조가 구성되는데, 이 경우 소요 시간은 3~4시간이다. 시간을 여유롭게 할애하고, 영상으로 촬영해두길 권한다. 나중에 그 장면을 다시 접하면 놀랄 일이 생길 테니 마음의 준비를 하는 게 좋을 것이다.

세 사람 모두 역할극을 해보기로 동의했다면 다른 가족 구성원도 옆에서 지켜보게 하라. 그들은 나중에 도움이 될 만한 피드백을 줄 것이다.

각자 앞에서 설명한 절름발이 의사소통 유형 중 하나를 선택한다. 예를 들어 한 명은 비난형, 다른 한 명은 회유형, 마지막 한 명은 비난형을 택할 수 있다. 그리고 다음번에는 전원이 다른 역할을 선택한다. 예를 들면 다음과 같은 조합을 생각할 수 있다.

첫째 사람	둘째 사람	셋째 사람
비난형	회유형	비난형
회유형	비난형	회유형
비난형	비난형	회유형
계산형	비난형	혼란형
비난형	계산형	혼란형
계산형	계산형	비난형

혼란형	계산형	회유형
계산형	혼란형	비난형
회유형	회유형	혼란형

역할극을 하다 보면 익숙하게 느껴지는 조합을 만날 수도 있다. 그럴 때는 그 조합에 시간을 좀 더 투자하라. 그리고 그 조합이 어째서 당신에게 해로울 수 있는지 살펴보라. 관찰자들에게도 의견을 구하라.

가족이 함께 역할극을 해보자

서로 가까이 배치된 의자에 각자 자리를 잡고 앉는다. 그런 다음 각자 가명을 정하고, 자신의 새 이름을 큰 소리로 발표한다. 이렇게 하는 이유는 가명을 사용할 때 좀 더 자유롭게 연기할 수 있기 때문이다.

누가 어떤 유형의 의사소통을 할 건지 결정했으면 서로에게 알려준다. 우선 자신의 의사소통 유형에 부합하는 자세부터 취하라. 6장에서 각 유형을 설명할 때 예시한 자세를 참고하면 된다. 1분 동안 각자의 자세를 유지하라. 그 상태에서 당신 자신과 나머지 두 사람에 대해 어떤 느낌이 드는지 의식하라. 그런 다음 자리에 앉아 각자의 의사소통 유형을 대화로 연기한다.

다음은 역할극에서 이뤄질 법한 대화의 두 가지 사례다. 아빠(진수)

가 남편 역이고, 엄마(희영)가 아내 역, 아들(민우)이 아들 역을 맡았다.

진수(비난형): 당신은 왜 아직도 휴가 계획을 안 짜놓은 거요?

희영(비난형): 왜 나한테 큰 소리예요? 당신한테도 시간은 충분히 있었잖아요.

민우(비난형): 어휴, 시끄러워. 두 분은 왜 항상 소리만 질러요? 어쨌든 난 휴가 안 가요.

진수(비난형): 누구 맘대로? 그리고 이 녀석, 어른들 말씀 중이신데 어디서 말참견이야?

진수(회유형): 여보, 어디로 가고 싶소?

희영(계산형): 잡지에서 봤는데 발상의 전환을 하는 게 휴가 계획을 짜는 좋은 방법이라고 하던데요.

진수(회유형): 당신이 하고 싶은 대로 해요, 여보.

민우(회유형): 엄마가 세우는 여행 계획은 언제나 훌륭해요.

희영(계산형): 좋아. 그럼 내가 내일 아침까지 목록을 만들어볼게.

타이머를 5분에 맞춰놓자. 가정 내에 특별한 갈등이 있다면 그것을 주제로 사용하라. 그런 상황이 없다면 뭔가를 함께 계획해보라. 식사 준비, 휴가, 대청소 등 가족이 함께 생각해볼 수 있는 거라면 뭐든지 좋다. 연기를 할 때 겁내지 말고 의사소통 유형을 과장되게 표현해보라. 타이머가 울리면 말을 하던 도중이라도 중단하라. 바로 자리에 앉아 눈을 감고 호흡, 생각, 감정, 몸의 느낌, 상대방들에 대한 감정을 의식해보라.

가정 안에서 항상 이런 식으로 생활한다면 어떤 느낌일지 상상해보라. 혈압이 올라갈 수도 있고 땀을 흘리거나 다양한 종류의 통증을 경험할 수도 있다. 계속 눈을 감은 상태로 휴식을 취하라. 조금씩 몸을 움직여 긴장된 근육을 풀어주어도 좋다. 그런 다음 역할극에서 사용했던 이름을 머릿속에서 떠나보내고 조용히 당신의 진짜 이름을 말한다.

서서히 눈을 뜬 다음, 역할을 연기하면서 느꼈던 내면의 체험에 대해 상대방들과 이야기를 나눈다. 실제로 무슨 일이 있었는가? 어떤 생각을 했고, 무엇을 느꼈으며, 과거와 현재의 어떤 부분들이 전면에 부각됐는가? 몸은 무얼 하고 있었는가? 역할을 연기하는 동안 다른 가족들에 대해 어떤 느낌이었는지 이야기하라. 매 역할극이 끝나면 충분히 시간을 들여 당신의 내적 체험을 상대방들에게 이야기한다. 그런 다음, 다른 역할을 맡고 타이머를 맞춘 후 역할극을 계속한다.

모든 3인조 조합으로 역할극을 마쳤으면, 이번에는 온 가족이 다 함께 참여한다. 이때쯤이면 다들 역할극에 어느 정도 익숙해졌을 것이다.

각 가족 구성원이 가명을 하나씩 고르고 큰 소리로 발표한다. 각자 네 가지 유형 중 하나를 선택하되, 이번에는 무엇을 택했는지 다른 사람들에게 말하지 않는다. 모두가 역할을 하나씩 맡은 후 뭔가를 함께 계획해보자. 이번에도 녹화를 하길 권한다.

타이머를 30분에 맞춘다. 내적으로 거북스러운 느낌이 들기 시작하면 역할을 바꾸는 것이 좋다. 회유형을 연기하는 중이었다면 비난형 같은 다른 유형으로 바꾸는 것이다. 다시 거북함을 느낄 때까지 그 유형을 유지하라.

실험을 마무리하면서 상대방들에게 역할극을 하는 동안 그들과 당신 자신에 관해 무엇을 느끼고 생각했는지 가능한 한 남김없이 이야기하라. 여기까지 한 후에야 안도감을 느끼는 자신을 발견하게 될 것이다.

어쩌면 당신은 어떤 계획이나 갈등 해소의 결과가 의사소통 유형에 좌우된다는 사실을 실감했을 것이다. 그리고 다른 의사소통 유형을 사용하면 다른 결과가 나오리라는 것도 알게 됐을 것이다.

이 역할극의 몇몇 조합은 당신이 실제로 가족과 상호작용할 때 사용하는 의사소통 유형과 유사하다. 어떤 조합에서는 가슴이 아파질 수도 있다. 역할극을 함으로써 어렸을 때 부모님과 살던 시절의 기억이 되살아날 수도 있다. 그럴 때는 그걸 당신 자신을 처벌하는 방망이가 아니라 자신을 발견하는 기회로 삼아라. 앞으로 나아가기 위한 출발점으로 삼으라는 뜻이다.

자신의 성향을 인정하고 받아들이자

사람들이 처음 이 연습 활동을 하기 시작하면 그동안 자신이 해오던 행동을 공개적으로 해보라는 요청에 반발심을 나타내곤 한다. 그런 자기 행동에 은근히 두려움을 갖고 있기 때문이다. 예를 들어, 어떤 사람들은 강한 사람으로 인식되고 싶은데 남의 비위를 맞춰야 한다는 생각에 몸서리를 친다. 자신이 남을 비난하면 남들이 그걸로 자신을 판단할까 봐 두려워서 비난형 의사소통에 강한 거부감을 나타내는 사람들도 있다. 그러나 역할을 충실하게 연기해보면 많은 걸 배우게 될 것이다. 그런 두려움을 떨쳐버릴 수 있느냐 아니냐는 당신의 선택에 달렸음을 기억하라.

만약 당신이 못된 여자가 되는 걸 두려워하여 무슨 일이 있어도 절대 못되게 굴지 않는다면, 마치 철로 만든 손으로 자신을 억누르고 있는 것과 같다. 그 철로 만든 손이 견딜 수 없을 만큼 무거워지면 가끔 내려놓아야만 할 때도 생긴다. 바로 그때, 못된 성격이 그대로 나온다. 이와 달리, 특정 시점에 자율적으로 본인이 원하는 행동을 해보면 어떨까? 그러면 오히려 못된 성격이 모두에게 필요한 건강한 자기주장으로 적절히 전환될 수도 있다.

이 개념은 우리에 가둬놓고 굶긴 개들과 잘 먹인 개들에 비교할 수 있다. 만일 깜박 잊고 우리 문을 닫아두지 않으면 굶주린 개들은 필사적으로 뛰쳐나와 주인인 당신까지 물어뜯을 수도 있다. 반면 잘 먹인 개들은 밖으로 도망갈 수는 있겠지만 당신을 물지는 않을 것이다.

그렇게 당신에게 못된 성향이 있다고 치자. 이제부터는 그걸 끄집어내 잘 포장하고 이 성향을 당신의 일부로 받아들여라. 그런 면을 아껴주고 다른 감정들과 함께 간직할 자리를 마련해보는 것이다. 다른 성향들에 대해서도 모두 똑같이 할 수 있다. 이런 식으로 해야 한 가지

성향이 나머지 전부를 짓밟지 않을 것이며, 자연스럽게 드러나 당신에게 유리한 쪽으로 작용할 것이다. 억지로 성향을 감추거나 억누르려고 해도 마음대로 되진 않을 것이다. 언제든 탈출해 날뛸 기회를 호시탐탐 노리고 있을 테니 말이다.

만약 당신이 우유부단한 남자로 비칠 것을 우려해 폭군처럼 행동한다면 앞의 여자와 똑같은 처지에 놓이게 된다. 당신의 성향은 언제든 나타나게 되어 있다. 그러나 조금만 길들이고 고친다면 그 우유부단한 성향을 남자들에게선 찾아보기 힘든 부드러움으로 발전시킬 수 있다. 그런 부드러움은 매력 있고 건강한 몸매를 유지하고, 아내 및 아이들과 애정 넘치는 관계를 형성하며, 동료들과 친밀해지는 원동력이 된다. 부드러움을 발전시킨다고 해서 강인함을 완전히 뿌리 뽑을 필요는 없다. 꼭 어느 한 가지만 선택해야 하는 건 아니며, 두 가지 모두 가질 수 있다.

자신의 모든 성향을 있는 그대로 받아들이겠다고 결심하고 나면 균형 잡힌 시각과 유머 감각을 바탕으로 더 나은 선택을 내릴 수 있다. 또한 자기 성향에 대한 부정적인 태도를 누그러뜨리고 좀 더 긍정적인 방향으로 사용하는 방법을 터득할 수 있다.

잘못된 의사소통은 어떤 결과를 초래할까?

역할극을 하면서 몸이 지치고 피곤해지는 느낌을 받았는가? 두통과 요통, 고혈압이나 저혈압, 소화 불량과 같은 흔한 통증과 불편함의 원인은 우리가 의사소통을 하는 방식을 들여다보면 훨씬 더 쉽게 이해할 수 있다. 만약 우리가 네 가지 절름발이 방식으로만 의사소통을 한다면 친밀한 인간관계를 맺을 수 없을 것이다.

실제로 내가 만나본 이들 가운데 학교 문제, 알코올 중독, 불륜 등 심각한 인생 문제로 고통을 겪는 사람들은 대부분 이런 유형의 의사소통을 하고 있었다. 이런 의사소통 유형은 어릴 때 습득한 낮은 자존감에서 출발한다.

이제는 각자의 자존감이 의사소통과 어떻게 연관되는지 분명히 이해할 수 있을 것이다. 또한 다른 사람들의 행동도 의사소통에서 비롯된 것임을 이해할 수 있을 것이다. 이것은 마치 회전목마와 같다. 자존감이 낮으면 의사소통이 원활하지 못하고, 그럴수록 스스로 형편없다는 기분이 들고, 그런 기분을 행동이 반영하고…, 이 과정이 계속해서 되풀이되는 것이다.

흔한 사례를 하나 생각해보자. 오늘 당신은 아침부터 왠지 기분이 가라앉고 언짢다. 게다가 출근을 하자마자 당신을 별로 탐탁지 않게 여기는 상사와 면담이 잡혀 있다. 당신은 누구에게도 마음속 두려움을 들켜서는 안 된다는 규칙을 세워두고 있다. 아내가 당신의 뚱한 표정을 보고 걱정스러운 얼굴로 묻는다. "무슨 일 있어요?"

"없어." 당신은 냉랭하게 대답하고는 인사도 없이 현관을 나선다. 당신은 이런 행동이 어떤 결과를 가져올지 전혀 모르고 있다.

이제는 당신의 아내도 화가 났다. 퇴근 후 당신은 잠시 친정에 가 있겠다는 아내의 메모를 발견한다. 며칠 후 아내가 돌아오긴 했지만, 당신이 말을 걸어도 대꾸를 하지 않는다.

이런 시나리오에서 두 사람은 상대방의 현재 성향을 더욱 강화한다. 이른바 닫힌 시스템의 시작이다. 이런 의사소통이 여러 해 동안 지속되면 당신은 스스로 희망이 없으며 세상은 짜증 나고 구제 불능인 곳이라고 생각하기에 이른다.

요약하자면, 특정 유형의 반응은 다른 사람들에게 다음과 같은 영향을 미친다.

- 회유형 반응은 죄책감을 불러일으킬 수 있다.
- 비난형 반응은 두려움을 불러일으킬 수 있다.
- 계산형 반응은 질투를 불러일으킬 수 있다.
- 혼란형 반응은 재미에 대한 갈망을 불러일으킬 수 있다.

이해하고 나면, 변화할 수 있다

이 시점에서 감정에 대해 조금 더 이야기할 필요가 있을 것 같다. 나는 절대 속내를 드러내지 않는 사람들을 너무나 많이 만나봤다. 방법을 모르기 때문이거나 두려워서일 것이다. 당신이 그런 사람 중 하나라면 건강을 위해서라도 지금부터 달라지기 위해 노력하길 권한다.

감정을 성공적으로 숨기려면 약간의 기술이 필요한데, 대부분 사람은 사실 그런 기술을 가지고 있지 못하다. 그래서 그들은 마치 모래에 머리를 처박고 남들이 자기를 보지 못한다고 생각하는 타조처럼 군다. 완전히 숨겼다고 생각하지만 실은 전혀 그렇지 않다.

굳이 원한다면 감정을 성공적으로 숨기는 방법이 하나 있기는 하다. 커다란 상자 속에 들어간 뒤 목소리가 흘러나올 작은 구멍 하나만 뚫는 것이다. 그렇게 하고서도 단조로운 목소리로 말해야 할 것이다. 딱히 활력은 넘치지 않겠지만 감정은 확실히 숨길 수 있다. 또한 앞의 실험에서 확인한 바와 같이 항상 뒤돌아선 상태의 사람에게만 말을 거는 방법도 있다. 서로 모습을 볼 수도 없고 목소리도 잘 들리지 않겠지만, 감정을 들킬 일은 없을 것이다.

당신이 역할극으로 연기해본 네 가지 반응은 자신의 일부를 숨기거나 억누르는 형태들이다. 너무 오랫동안 그렇게 행동해왔기 때문에 다른 부분들을 더는 인식하지 못할 수도 있다. 그게 남들과 잘 어울려 살아가는 방식이라고 생각할 수도 있고, 달리 방법이 없어서 그렇게 행동할 수도 있다.

회유형은 자신의 욕구를 감추고, 비난형은 상대방을 원하는 마음을 감춘다. 계산형은 정서적 욕구와 타인에 대한 욕구를 감추고, 혼란형은 자신의 욕구를 무시할 뿐만 아니라 시간·공간·목적과의 관계까지 무시한다. 그러니 이런 반응들은 상처받지 않도록 자신의 감정을 숨기기 위해 사용하는 방패막이라고 말할 수 있다. 관건은 감정을 표현해도 안전하다고 그들을 설득하는 것이다. 내가 하는 일의 90퍼센트가 바로 이것이다.

내 경험에 따르면 자신의 감정을 표현할 수 없거나 표현하지 않는 사람들은 겉보기와 달리 외로움을 많이 느낀다. 이런 사람들 대부분은 어릴 때 끔찍한 상처를 받고 오랫동안 방치된 경험이 있다. 감정을 드러내지 않는 것은 또다시 상처받지 않으려는 방어 기제다. 이걸 바꾸려면 애정 넘치고 끈기 있는 가족이나 주변 사람이 오랫동안 함께해주어야 하며, 본인도 인식을 바꿔야 한다.

지금쯤은 당신도 익히 알겠지만, 앞에서 소개한 역할을 하고 나면 상당한 피로감을 느끼게 된다. 그 네 가지 이외에 다른 의사소통 방법을 모른다고 생각해보라. 늘 피로하고 절망적이고 사랑받지 못한다는 느낌일 것이다. 어쩌면 당신이 항상 느끼는 피로감은 단지 일을 열심히 해서가 아닐지도 모른다.

이제 당신은 스트레스 상태에서 당신이 가족 구성원과 어떤 유형으로 의사소통을 하는지 알게 됐다. 굳게 마음먹고 시도하더라도 생각만큼 완전히 솔직하고 완벽한 반응을 보이기가 쉽지 않다는 것도 알게 됐을 것이다. 이런 상황이라라면 당신과 가족들 사이를 가로막는 어떤 장벽이 존재하는 것일 수도 있다. 이럴 때는 3장에서 소개한 '최신 정보 업데이트' 시간을 가져보라.

원하는 만큼 충분하게 유연하고 수평적인 반응을 보였든 그렇지 못했든, 당신은 이제 대응 방법을 스스로 선택할 수 있음을 잘 이해하게 됐을 것이다. 그 다양한 대응 방법을 연습하다 보면 자신을 더욱 좋아하게 될 것이다. 어쩌면 당신은 스스로 미처 인식하지 못했던 방법으로 대응해왔음을 깨달았을지도 모른다. 만약 그렇다면 앞으로 다른 사람들이 당신에게 예상치 못한 방식으로 대응할 때 그 이유를 금방 알아챌 것이다. 처음에는 괴로울지 몰라도, 이런 깨달음은 그동안 당신이 겪어온 일을 좀 더 깊이 이해하는 데 도움이 될 것이다. 이해하고 나면, 변화를 위해 한 걸음 내디딜 수 있다.

가족의 규칙을 새롭게 정비하자

8장

'규칙'은 '행동, 행위, 방법 또는 합의를 위해 확립된 지침이나 규정' 으로 정의된다. 이번 장에서 나는 이 따분한 정의를 집어 던지고, 규칙 이 사실은 가정 내에서 극도로 영향력 있는 힘이라는 사실을 보여주 고자 한다. 개인으로서 그리고 가족 구성원으로서 당신이 지키고 사는 인생 규칙들을 발견하도록 돕는 것이 나의 목표다. 아마 당신은 미처 인식하지도 못한 규칙들을 지키며 살아가고 있는 자신을 발견하고 매 우 놀라게 될 것이다.

가족이 모두 모여 가족의 규칙 목록을 만들어보자

내 사무실을 방문한 가족들에게 규칙 이야기를 꺼내면 대부분이 제일 먼저 돈 관리, 가사 분담, 필요한 일들의 계획, 위반 시의 대처 따위를 언급한다. 가족의 규칙이 존재하는 이유는 사람들이 한집에서 함께 생활하면서 성장하도록(또는 성장하지 못하도록) 영향을 끼치는 다른 모든 요인을 위해서다.

먼저 우리 가족의 규칙이 무엇인지 알아보자. 그러려면 모든 가족이 한자리에 모여 이야길 나눠봐야 한다. 모두가 2시간 정도 함께할 수 있는 시간대를 선택하라. 테이블에 둘러앉거나 바닥에 앉아도 좋다. 서기를 한 사람 정해 종이에 규칙들을 적어 기록으로 남긴다. 이 시점에서는 그 규칙들이 옳은 것인지에 대해서는 논쟁하지 않는다. 또 그것이 지켜지고 있는지 어떤지도 이야기할 필요가 없다.

그냥 자리에 앉아서 가족의 규칙에 대해 이야기하는 것 자체가 상당히 새로운 경험이었으며 많은 것을 깨닫게 해줬다고 말한 가족이 많다. 앞서도 말했지만, 사람들이 흔히 하는 오해가 내가 아는 걸 남들도 다 알고 있다고 여긴다는 것이다. 한 부모는 아이를 꾸짖으면서 이렇게 말했다. "저 아이도 가족의 규칙을 뻔히 알고 있다고요!" 그러나 막상 얘기를 들어보니 그렇지 않았다. 이런 경우가 의외로 많은 만큼, 가족의 규칙 목록에 대해 가족들과 이야기를 나눠봄으로써 오해와 문제 행동의 원인을 찾게 되기도 한다.

가족들이 이야기하는 모든 규칙을 종이에 적고 그에 대한 오해를 해소했다면, 다음 단계를 진행한다. 현재까지도 유효한 규칙과 이제는 별 쓸모가 없어진 규칙을 구분하는 것이다. 세상이 빨리 변하는 만큼 시대에 뒤떨어진 규칙도 많을 것이다. 그런데 많은 가정이 오래된 규칙을 고집하는 우를 범한다. 당신의 가정은 어떤가? 시대 변화에 맞춰 규칙을 새롭게 갱신하고 낡은 규칙들을 버릴 수 있는가? 양육적인 가정의 한 가지 특징은 규칙을 항상 최신 상태로 유지한다는 것이다.

발언과 관련한 제한 규칙이 있는가?

이제 가족 탐색 단계로 나가보자. 당신의 가정에서 규칙은 어떻게 만들어지는가? 가족 중 한 명이 만드는가? 만약 그렇다면 가장 나이가 많은 사람인가? 제일 착한 사람인가? 가장 불리한 입장에 있는 사람인가? 아니면 가장 힘 있는 사람인가? 규칙을 만들 때 무엇을 참고하는가? 책인가? 아니면 이웃이나 부모들이 자라난 가정인가?

지금까지 이야기한 규칙들은 비교적 명백하고 발견하기가 쉽다. 그러나 보이지 않게 가려져 있어 파악하기가 훨씬 어려운 또 한 세트의 규칙들이 있다. 이 규칙들은 강력하면서도 보이지 않는 세력을 형성하여 가족의 삶에 영향을 끼친다. 바로, '발언의 자유' 문제다. 당신은 가정 내에서 느끼고 생각하고 보고 듣고 냄새 맡고 만지고 맛본 것에 대해 거리낌 없이 말할 수 있는가? 아니면 혹시 바람직한 상태에 대해서만 제한적으로 말할 수 있는가?

발언의 자유와 관련되는 부분은 크게 다음 네 가지다.

- 보고 듣는 것에 대해 무엇을 말할 수 있는가?: 당신이 방금 가족 중 두 명이 크게 싸우는 장면을 목격했다고 하자. 당신의 두려움, 무력감, 분노, 위로받고 싶다는 욕구, 외로움, 공격성을 표현할 수 있는가?
- 누구에게 말할 수 있는가?: 자녀인 당신이 방금 아버지가 욕하는 소리를 들었다고 하자. 가족 규정에 따르면 욕이 금지되어 있다. 당신은 아버지에게 그 이야기를 꺼낼 수 있는가?
- 누군가의 생각에 동의하지 않거나 무언가를 찬성하지 않을 경우 어떻게 하는가?: 열다섯 살짜리 딸이나 아들에게서 담배 냄새가 난다면 그걸 이야기할 수 있는가?
- 이해가 가지 않을 때 어떻게 질문하는가(또는 질문을 할 수 있는가)?: 가족 중 누군가의 말이 명확하지 않을 때 자유롭게 설명을 요구할 수 있는가?

가정생활을 하다 보면 온갖 것을 보고 듣게 된다. 어떤 것들은 즐거움을 가져다주고, 어떤 것들은 고통을 안겨주며, 어떤 부분에 대해서는 부끄러움을 느낄 수도 있다. 가족 구성원이 내면에 생겨나는 감정을 인식하고 그에 대해 발언할 수 없을 경우, 그 감정은 지하로 잠입해 가족의 행복을 뿌리부터 갉아먹을 수 있다.

당신의 가정에는 절대 입 밖에 꺼내서는 안 되는 주제들이 있는가?

예를 들어 어떤 집에서는 아버지가 남자 평균 신장에 못 미친다. 그래서 모든 가족 구성원은 아버지의 키에 대해 언급하지 않는다는 규칙을 지킨다. 게다가 아버지의 키에 대해 이야기할 수 없다는 사실 자체에 대해서도 입에 올리지 않는다.

어떻게 가족에 관한 이런 사실들이 아예 존재하지 않는 것처럼 생활할 수 있을까? 가족들이 무언가에 대해 이야기하지 않기로 장벽을 치면 문제가 생겨나기 십상이다.

이런 당혹스러운 상황을 또 다른 각도에서 생각해보자. 가족의 규칙에 따라 사이좋고 올바르고 품위 있고 화목한 가족의 모습에 대해서만 이야기할 수 있다고 치자. 이런 경우 지금의 현실 대부분에 대해서는 발언할 기회가 그리 많지 않다. 내가 볼 때 1년 365일 사이좋고 품위 있고 화목한 가정은 이 세상에 존재하지 않는다. 누구도 현실에 대해 이야기할 수 없다는 규칙이 있다면 어떤 일이 벌어질까? 결과적으로 일부 아이는 거짓말을 하게 된다. 부모에 대해 증오를 느끼거나 부모와 사이가 멀어지는 아이들도 있다. 가장 나쁜 건 그들의 자존감이 저하돼 무력감, 적대감, 외로움 등을 느끼게 된다는 점이다. 발언이나 질문이 금지된 환경에서 자란 아이는 자기 자신을 살아 숨 쉬며 감정을 가진 인간이 아니라 성자, 심지어 악마라고 착각하는 성인이 되기도 한다.

감정을 느끼는 대로 표현하지 말고 정당한 경우에만 표현하도록 제한하는 가족의 규칙도 너무나 많다. 그래서 "그런 감정을 가지면 안 돼"라든지 "어떻게 그런 표현을 할 수가 있니? 나라면 절대 그러지 못할 거야"라는 말을 하게 되는 것이다. 여기서 중요한 건 감정에 따라 행동하는 것과 감정에 대해 이야기하는 것을 구분해야 한다는 사실이다.

당신이 어떤 감정을 갖든 그것이 인간적이고, 따라서 수용 가능하다는 규칙을 가지고 있다면 자아는 성장할 수 있다. 물론 그렇다고 해서 모든 행동이 용납된다는 건 아니다. 다만 감정이 환영받을 때, 다양한 행동 경로를 세우고 좀 더 적절한 행동을 할 가능성이 커진다.

출생에서부터 죽음까지 인간은 두려움, 고통, 무력감, 분노, 기쁨, 질투, 사랑 등 다양한 감정을 끊임없이 경험한다. 감정은 옳으냐 그르냐를 떠나서 그냥 생겨나는 것이다. 가정생활의 모든 부분을 직접 접해보기로 스스로 마음을 먹으면 긍정적인 방향으로 극적인 변화가 일어난다. 즉 존재하는 모든 것이 대화의 소재가 되고, 인간적인 관점으로 이해할 수 있게 된다.

분노를 표현할 수 있는가?

이제 구체적인 부분으로 들어가 보자. 가장 먼저 분노다. 많은 사람은 분노가 인간의 필수적인 정서라는 걸 인식하지 못한다. 분노가 때로 파괴적인 행동을 촉발하기 때문에 어떤 사람들은 분노 자체가 파괴적이라고 생각한다. 하지만 파괴적인 건 분노가 아니라 분노의 결과로 취해진 행동이다.

극단적인 사례로, 내가 당신에게 침을 뱉었다고 해보자. 당신에게는 그것이 비상사태일 수도 있다. 당신은 공격받았다고 느끼고 기분이 언짢아져서 나에게 화를 낼지도 모른다. 그리고 자신을 사랑받을 만하지 못한 사람으로 생각할 수도 있다(그렇지 않다면 왜 이런 공격을 받았겠는가). 당신은 상처받았고 자존감이 낮아졌으며 외롭고 사랑받지 못한다고 느낀다. 당신은 분노에 찬 대응을 하면서도 마음속으로는 상처받았다고 느낀다. 그러나 이런 사실을 전혀 인식하지 못한다.

이때의 감정을 어떻게 표현할 수 있겠는가? 무슨 말을 할 것인가? 어떤 행동을 할 것인가?

당신의 선택은 여러 가지다. 나에게 똑같이 침을 뱉을 수도 있고, 나를 때릴 수도 있다. 울면서 다시는 그러지 말라고 애원하거나, 뜬금없지만 고마움을 표하거나, 도망갈 수도 있다. 아니면 솔직하게 얼마나 화가 나는지 내게 이야기할 수도 있다. 이 중 마지막 방식으로 대응한다면 당신은 자신의 상처를 직시하게 될 것이고, 내가 어쩌다가 당신에게 침을 뱉게 됐는지 물어볼 수도 있다.

이때 당신이 고수하는 규칙이 하나의 지침이 될 것이다. 당신의 규칙이 질문을 허용한다면, 나에게 왜 그랬느냐고 물어보고 침을 뱉은 이유를 이해할 수 있다. 그러나 당신의 규칙이 질문을 허용하지 않는다면, 추측을 할 것이다. 저 여자가 나를 싫어해서 침을 뱉었나? 나한테 화가 났나? 저 여자가 혼자서 짜증이 났나? 근육에 이상이 있나? 나에게 자기 좀 봐달라고 침을 뱉었나? 이런 가능성이 얼핏 억지스러워 보일 수도 있지만 잠시 생각해보면 실은 전혀 억지스럽지 않다.

중요한 내용이니 분노에 대해 조금 더 이야기해보자. 분노는 악이 아니라 위급할 때 사용할 수 있는, 부끄러울 것 없는 인간의 감정이다. 인간은 어떤 위급 상황도 만나지 않고 인생을 살아갈 수 없기에 우리 모두는 때로 분노가 치밀어 오름을 느낀다. 그래도 남들에게 착한 사람으로 비치길 원하는 누군가는 가끔 생겨나는 분노의 감정을 억누르려고 애쓸 것이다. 하지만 거기에 속을 사람은 없다. 화가 난 게 틀림없는데 화나지 않은 것처럼 말하려 애쓰는 사람을 본 적이 있는가? 근육은 경직되고 입은 굳게 다물었으며 숨소리는 씩씩거리고 얼굴이 벌게지고 눈꺼풀까지 파르르 떨린다.

분노는 나쁘다 또는 위험하다는 규칙을 가진 사람은 시간이 흐를수록 내면의 긴장을 느끼게 된다. 겉으로는 차분하고 침착한 듯해도 심장이 조여드는 걸 느낀다. 가끔 비치는 서늘한 눈빛이나 초조하게 떠는 왼발이 그 사람의 실제 감정을 내비칠 뿐이다. 긴장된 내면으로 인한 불편감이 점차 변비, 고혈압 등의 신체적 증상으로 나타나기 시작한다. 얼마 뒤 그 사람은 분노에 대해서는 다 잊어버리고 오직 내면의 고통만을 의식한다. 어쩌면 그가 이렇게 말할 수도 있을 것이다. "나는 화를 잘 내지 않아. 속이 조금 쓰릴 뿐이지." 이 사람의 감정은 이미 지하로 잠입해버렸다. 여전히 뭔가가 진행되고 있지만 본인의 인식 범위 밖의 일이다.

아이들은 싸우면 안 되고 다른 사람의 마음을 아프게 하면 나쁜 거라고 배운다. 싸움을 일으키니까 분노는 나쁜 거라고 배우며 자란다. 너무나 많은 부모가 '착한 아이로 키우려면 분노를 없애야 한다'라는 육아 철학을 신봉한다. 하지만 이런 교육은 아이에게 돌이킬 수 없는

해를 끼친다.

특정 상황에서의 분노는 자연스러운 감정이라고 믿는 사람은 그 감정을 존중할 수 있을 뿐 아니라 자신의 일부분으로 받아들인다. 나아가 분노를 다스리거나 활용하는 다양한 방법을 배울 수 있다. 화가 나는 감정을 정면으로 받아들이고 그걸 관련된 사람에게 명확하고 솔직하게 전달하면, 파괴적인 행동을 하고 싶다는 욕구가 일어나지 않는다. 선택권이 당신에게 있고, 따라서 스스로 자신을 제어할 수 있다고 생각하게 된다. 결과적으로 자기 자신에 대해 만족스러움을 느낄 수 있다. 분노에 관한 가족 규칙은 분노와 함께 성장할 것인지, 아니면 분노가 조금씩 자신을 갉아먹도록 내버려 둘 것인지와 관계된 문제이기 때문에 매우 중요하다.

성적인 문제를 이야기할 수 있는가?

가정생활에서 정말로 중요한 또 하나의 영역을 살펴보자. 가족 구성원 사이의 애정과 그것이 표현되는 방식에 관한 규칙들이다.

나는 가족 구성원이 애정 생활이라는 부분에서 자신에게 솔직하지 못한 경우를 너무도 많이 봤다. 안전하게 애정을 표현하는 방법을 모르기 때문에 모든 애정 표현에 금지 규칙을 세워두는 것이다. 예를 들어 남자들 사이의 애정은 동성애로 받아들여질 수 있다는 이유로 아들에 대한 공공연한 애정 표현을 삼가는 아버지가 많다.

성별, 나이, 관계를 불문하고 애정의 정의를 재고할 필요가 있다. 가장 큰 문제는 많은 사람이 신체적인 애정 표현과 성행위를 혼동한다는 것이다. 만약 감정과 행동을 구분할 수 없다면 감정을 무조건 억누를 수밖에 없다. 더 심하게 얘기해볼까? 가정에 문제가 생겨나길 원한다면 애정 표현을 금하고 성에 대한 이야기나 성관계에 대해 여러 가지 금기사항을 만들어놓아라.

나는 한 고등학교에서 가정생활 교육을 위한 프로그램을 진행한 적이 있는데, 거기에 성교육이 포함되어 있었다. 나는 상자를 하나 마련해 어린 학생들이 그동안 대놓고 물어볼 수 없었던 질문들을 종이에 적어 상자에 넣게 했다. 그 상자는 매번 학생들의 질문으로 가득 찼다. 그러면 나는 프로그램 시간에 그 질문들을 소재로 토론의 장을 마련했다. 학생들은 부모님께 이런 질문들을 할 수 없었다고 이야기했는데, 대개는 다음과 같은 세 가지 이유에서였다.

- 부모님이 화를 내며 나쁜 행동이라고 나무라실까 봐.
- 부모님이 창피스러움을 느끼고 당황해서 거짓말을 하실까 봐.
- 답을 모르실 게 뻔하니까.

그렇게 학생들은 부모님에게 질문을 피하고 있었는데, 그 결과 계속 잘 모르는 상태로 남거나 다른 곳에서 정보를 찾아야만 했다. 많은 질문 중에서도 두 가지가 특별히 기억에 남는다. 한 18세 남학생은 이런 질문을 했다.

"정액에 덩어리가 있는 건 어떤 의미인가요?"

그리고 15세 남학생은 이렇게 말했다.

"엄마가 폐경기인 걸 어떻게 알 수 있어요? 요즘 상당히 신경질적 이신 것 같아요. 만약 폐경기라면 제가 이해하고 착하게 행동하겠지 만, 그게 아니라면 엄마가 요새 얼마나 나한테 심술궂게 구는지 아빠 랑 이야기를 해보려고요."

당신이 부모로서 이런 질문을 받는다면 어떤 기분이 들겠는가? 무 슨 대답을 해주겠는가? 학생들은 이 수업의 후속 과정으로 부모님들 을 위해서도 비슷한 수업을 해줄 수 있느냐고 물었다. 나는 물론 그러 겠다고 대답했다. 4분의 1 정도의 학부모가 참석했고, 똑같은 상자를 준비했는데 아주 비슷한 질문들을 받았다.

성적 자아의 복잡성에 대해 잘 모르는 것 자체는 잘못이 아니다. 그 러나 계속 무지한 상태로 지내는 건 바람직하지 않다. 더욱이 그에 대 해서는 이야기하지 말라는 식의 태도로 성적 지식은 나쁘고 죄스러운 일이라는 뜻을 넌지시 전달하는 건 심리적으로 위험하다. 이런 무지를 방치한 사회와 개인들은 혹독한 대가를 치르게 된다.

그 밖의 금기가 또 있는가?

가족 구성원이 두려움을 느끼는 원인은 비밀에 대한 금기 및 규칙 과 깊은 관계가 있다. 물론 어른들은 아이들을 보호하기 위해서라고 말할지 모른다. 이것은 내가 엄청나게 많은 가족에게서 발견한 또 하나의 금기다. 아이들을 보호한다는 명목하에 전적으로 어른들이 만들어놓은 이 규칙은 대개 "너는 아직 어려서"라는 형태로 표현된다. 이 말에는 어른들의 세계는 한낱 아이에 불과한 네가 다가서기에는 너무 복잡하고, 무섭고, 크고, 사악하고, 쾌락이 넘친다는 뜻이 담겨 있다. 동시에 아이의 세계가 열등하다는 의미도 담겨 있다.

어른들은 "너는 아직 어리잖아. 네가 뭘 아니?" 또는 "정말 유치하구나"라는 말을 쉽게 한다. 아이의 준비 상태와 욕구 사이에는 분명한 격차가 존재한다. 그 둘 사이의 격차를 좁힐 기회를 부정할 게 아니라, 그 격차를 좁히는 방법을 아이들에게 가르쳐주는 게 가장 바람직한 교육이라고 나는 생각한다.

부모의 사춘기 시절 행동이 어땠는지에 관한 것도 대단히 큰 비밀이다. 가족 규칙에 따르면 어떤 부모도 그 시기에 엉뚱한 행동을 한 적이 없고 못된 짓을 하고 다니는 건 오직 '너희'뿐이다. 이런 상황은 너무나도 흔히 일어난다. 그래서 나는 부모가 아이의 어떤 행동에 대해 병적인 반응을 보이면, 아이의 그 행동이 부모의 청소년기 시절 비밀을 떠올리게 한 건 아닌지부터 살피곤 한다. 실제로, 아이가 부모와 정확히 같지는 않더라도 비슷한 행동을 했을 때가 많았다. 그럴 때 내가 하는 일은 부모가 오랫동안 품고 있던 수치심을 떨쳐내 더는 감출 필요가 없도록 돕는 것이다. 그러고 나면 부모는 아이를 이성적으로 대할 수 있다.

현재의 비밀도 수치심 때문에 은폐된다. 많은 부모는 현재 상황을 자녀들에게서 감추려고 노력한다. 물론 아이를 보호하기 위해서라고 말한다. 내가 접한 현재의 비밀에는 부모 중 한 명 또는 둘 다가 바람을 피운다든지, 부부가 잠자리를 함께하지 않는다든지 하는 것들이 있다. 사람들은 이런 경우에도 이야기하지 않으면 사실이 없어지기라도 하는 것처럼 행동한다. 그러나 당신이 '보호'하고자 하는 아이들이 눈이나 귀가 멀지 않은 이상 이 방법은 통하지 않는다.

들키고 싶지 않은 비밀은 누구에게나 있다. 당신도 하나 정도는 몰래 품고 있지 않은가? 양육적인 가정은 이것을 단지 인간의 나약함을 상기시키는 요소로 받아들이며, 그에 대해 부담 없이 이야기하고 교훈을 얻는다. 반면 양육적이지 않은 가정은 비밀을 숨기느라 급급하고, 그것을 인간의 사악함을 상기시키는 기분 나쁜 요소로 취급하며 절대로 발설하지 않는다. 처음에는 이런 민감한 사안에 대해 이야기하기가 어려울 수도 있으나 충분히 할 수 있는 일이다. 이야기를 함으로써 식구들은 그런 어려움을 감수하고 상황을 이겨내며 심지어 개선하는 방법을 배우게 된다.

규칙은 가족의 체계와 기능에서 아주 실질적인 부분이다. 규칙을 바꿀 수 있다면 가족 간의 상호작용도 바꿀 수 있다. 당신이 지키고 있는 규칙들을 점검해보라. 이제 가정 안에서 당신에게 일어나고 있는 일을 좀 더 확실히 이해할 수 있는가? 새로운 규칙을 받아들이면 용기를 얻게 될 것이다. 오래되고 부적절한 규칙을 버리고 새로이 유용성을 알게 된 규칙을 더하라.

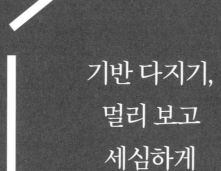

3부

기반 다지기,
멀리 보고
세심하게

부모가 되고자 마음먹은 사람은 새로운 것에 마음을 열고,

유머 감각을 잃지 않으며,

자기 자신을 인식하되 늘 솔직해야 한다.

서로 다른 두 사람이
함께 만들어가는 것, 가정

9장

당신은 왜 결혼했는가? 왜 지금의 배우자를 선택했는가? 왜 그때 결혼했는가? 구체적인 대답이 무엇이든, 당신이 결혼한 이유는 인생에 의미를 더하고 싶어서였을 것이다. 결혼을 하면 인생이 활짝 피리라는 큰 희망을 품었을 것이다. 이것은 이제 막 만들어지는 가정의 설계자로서 당연히 가지게 되는 꿈이다.

이혼의 충동이 일기 시작하는 건 이런 희망을 깨뜨리는 어떤 사건이 발생했을 때다. 그리고 그 상태는 관련자들이 체념하고 상황을 받아들이거나, 사망하거나, 변화하기 전까지 지속된다. 이번 장에서는 부부 관계의 즐거움에 대해서뿐만 아니라 부부 관계를 위협하거나 파괴할 수 있는 요소들에 대해 이야기해보려 한다.

진정한 사랑의 모습은 어떤 것일까

대부분 사람이 사랑하니까 결혼한다고 이야기한다. 또한 관심, 성적 만족, 자녀, 지위, 소속감, 필요한 존재가 되는 것, 물질적인 것들을 모두 포함해서 사랑이 우리에게 가져다주는 것들 덕에 삶이 더 좋아지리라고 기대한다.

나는 사랑을 믿는다. 사랑은 인간이 경험할 수 있는 가장 보람되고 충만한 감정이다. 사랑하고 사랑받지 못하면 인간의 영혼과 정신은 파괴되어 죽음에 이르게 된다. 그러나 사랑만으로는 인생의 모든 요구사항을 충족시킬 수 없다. 지능, 정보, 인식, 역량 또한 필수적이다.

개인의 자존감은 우리가 사랑에 대한 경험과 기대치를 어떻게 평가하느냐와 상당한 연관이 있다. 자존감이 높을수록 배우자에게서 지속적으로 구체적인 증거를 확인하려 하는 성향이 낮다. 반대로 자아감이 낮을수록 끊임없이 확인하려 하고, 이것은 사랑의 역할에 대한 잘못된 인식으로 이어질 수 있다.

사실 사랑한다는 것은 '나는 당신을 구속하지 않으며 당신이 나를 구속하는 것 또한 허락하지 않는다'라는 의미다. 그만큼 각 개인의 무결성이 존중된다는 뜻이다. 나는 『예언자』에 실린 칼릴 지브란의 사랑과 결혼관을 좋아한다.

함께 있더라도 그 사이에 공간을 두라.
하늘의 바람이 그대들 사이에서 춤출 수 있도록.

서로를 사랑하되 사랑으로 구속하지 말라.

그대들 영혼의 기슭 사이를 바다가 춤추며 흐르도록.

서로의 잔을 채우되 한쪽의 잔만을 마시지 말라.

서로에게 자기 빵을 건네되 한쪽의 덩어리만을 먹지 말라.

함께 춤추고 노래하며 즐거워하되 각자 홀로 오롯하라.

한 가락 음률을 위해 함께 떨리는 류트의 현들조차도 서로 떨어져 있

듯이.

그대들의 마음을 건네되 서로의 마음에 가둬두려 하지 말라.

오로지 생명의 손길만이 그대들의 마음을 온전히 품을 수 있으니.

함께 서 있되 서로 너무 가까이 있지는 말라.

신전의 기둥들조차 서로 떨어져 서 있으며,

참나무와 삼나무는 서로의 그늘에서는 자라지 못하니까.

결혼할 때 품었던 소망을 기억하는가?

시간을 거슬러 올라가, 결혼을 하면 어떤 점이 더 나아질 거라고 생각했는지 돌이켜보라. 당신의 희망은 무엇이었는가?

여러 해 동안 사람들이 나에게 밝힌 희망 중에서 몇 가지를 소개하겠다. 여자들의 희망은 대체로 세상 모든 사람 중에서 자신만을 사랑하고 존중하고 아껴주며, 함께 대화하는 것이 기쁘게 느껴지고, 늘 같이 있어주고 위안과 만족감을 주며, 어려울 때 자기편을 들어줄 남편

을 갖게 된다는 데 있었다.

남자들은 대부분 자신이 채워줄 수 있는 욕구를 가지고 있고, 자신의 힘과 육체를 좋아해 주며, 자신을 지혜로운 리더로 여겨주고, 요청하면 기꺼이 자신을 도와줄 아내를 원한다고 말했다. 그리고 맛있는 음식과 만족스러운 섹스를 원한다고 이야기했다. 한 남자는 "저만 바라봐 줄 사람을 원합니다. 저는 꼭 필요하고 쓸모 있는 사람이며 존경받고 사랑받는다는 느낌을 받고 싶거든요. 내 집에선 왕이고 싶어요" 라고 말했다.

가족 심리학자가 되고 나서 얼마 동안 나는 왜 그토록 많은 사람이 그토록 애를 쓰는데도 결혼을 통해 원하는 걸 얻지 못할까 의아했다. 하지만 지금 나는 실패 대부분이 무지(사랑이 할 수 있는 역할에 대해 고지식하고 비현실적인 기대치를 갖는 데서 오는 무지)와 명료한 의사소통을 하지 못하는 데서 비롯된 것임을 잘 안다.

무엇보다도 사람들은 배우자에 대해 인간으로서 제대로 알지 못하는 상태로 결혼을 하는 경우가 많다. 성적 매력이 둘을 하나로 묶어줄 수는 있겠지만, 그렇다고 화합과 우정이 보장되는 건 아니다. 누군가와 함께 만족스럽고 창조적인 인생을 살아갈 수 있으려면 그 밖의 여러 부분에서도 화합이 필요하다. 우리가 침대에서 보내는 시간은 비교적 적다. 오해를 살까 봐 부연하자면 친밀한 성인들의 관계에서는 성적인 반응도 물론 중요하다. 그러나 일상적인 관계에서의 만족을 위해서는 성적 매력 이상의 무언가가 필요하다는 뜻이다. 어떤 시점에 이르면 다양한 이유로 성적인 부분이 더는 예전처럼 중요해지지 않기 때문에라도 그렇다. 그래도 관계는 무르익을 수 있다.

자기 부모를 건강하고 만족스러운 성 모델로 삼아 성장하는 자녀들은 많지 않다고 생각한다. 그들이 자라면서 목격한 어머니와 아버지 사이의 관계는 오늘날 서양 문화에서 보편적으로 알려진 이상적인 로맨스와 상당한 거리가 있을 것이다. 나는 자기 부모님이 애초에 어떻게 부부가 됐는지 이해할 수 없다고 이야기하는 성인들을 많이 봤다.

자녀들이 부모의 젊었을 때 모습을 알 수 없다는 건 슬픈 일이다. 사랑하고 아껴주며 서로만 바라보던 시절 말이다. 자녀가 부모를 지켜볼 만큼 성장할 무렵이면 로맨스는 이미 희미해지거나 아예 사라져버린 경우가 많다.

의식하지 못하더라도 부모는 자녀의 로맨스와 성적 자아의 설계자다. 친숙함은 굉장한 힘을 발휘한다. 우리가 매일 관찰하고 경험하는 것이 막강한 영향력을 발휘한다는 뜻이다. 대부분 사람은 바로 그 영향력 때문에 다소 불편을 감수하고서라도 낯선 것보다는 친숙한 것을 선택한다. 난폭한 아버지를 둔 여자들이 결국엔 난폭한 남편을 만나게 되는 걸 본 적 없는가? 바가지 긁는 어머니를 둔 남자들이 결국엔 바가지 긁는 아내를 만나게 되는 걸 본 적은? 사람들은 자기 부모의 결혼 생활과 비슷한 결혼 생활을 하게 된다. 이것은 유전이 아니라 단지 가족의 유형을 따르기 때문이다.

부부에겐 공통점과 차이점 모두 필요하다

모든 부부는 '나, 너, 우리'라는 세 부분으로 이뤄진다. 사람은 둘이지만 중요한 세 부분으로 구성되며, 각각은 자체적인 생명력을 가지고 있다. 각각은 나머지를 더욱 힘 있게 만들어준다. 풀어서 말하자면 이런 뜻이다. 나는 너를 더욱 힘 있게 만들고, 너는 나를 더 힘 있게 만들고, 나는 우리를 더욱 힘 있게 만들고, 너는 우리를 더욱 힘 있게 만들고, 우리는 함께 서로를 더욱 힘 있게 만든다.

부부간의 처음 사랑이 계속해서 꽃을 피우느냐 아니냐는 두 사람이 이 세 부분을 어떻게 꾸려가느냐에 달렸다. 이 세 부분이 어떻게 작용하느냐는 이른바 '프로세스'의 일부이며, 이것은 결혼 생활에서 절대적으로 중요하다. 예를 들어 부부는 돈, 음식, 재미, 일, 종교 등 예전에 각자 해결했던 일을 이제는 함께 결정해야 한다. 사랑은 결혼의 출발점이지만 결혼의 모습이 어떨지는 일상생활에 달렸다.

세 부분 모두를 위한 공간이 확보되어 있고 어느 한 부분이 지배적이지 않을 때, 진정으로 사랑이 꽃필 수 있다. 사랑하는 사이에서 가장 중요한 단일 요소는 각자가 자신에 대해 가지고 있는 긍정적인 자존감이다. 이것은 다시 각자가 어떻게 자존감을 표현하고, 서로에게 무엇을 요구하며, 그에 따라 서로가 어떻게 행동하느냐에 영향을 끼친다.

사랑은 감정이다. 따라서 법으로 정해놓을 수 없다. 사랑은 있거나 없거나 둘 중 하나다. 게다가 사랑은 이유 없이 찾아온다. 사랑이 지속되고 성장하는 데는 양분이 필요하다. 사랑은 가까스로 싹을 틔워 땅

위로 머리를 내민 씨앗과도 같다. 적절한 양분과 빛, 수분이 없으면 시들시들하다가 죽고 만다. 사랑하고 배려하는 연애 감정은 부부가 그 사랑에 날마다 양분을 공급해야 한다는 점을 이해할 때 결혼을 통해 꽃을 피운다.

나는 사랑하는 감정으로 출발했지만 이윽고 혼란, 분노, 무력감에 이른 부부들을 많이 봤다. 사랑은 어디론가 보이지 않는 곳으로 사라져버렸다. 하지만 그들이 프로세스를 이해하고 그걸 변화시키도록 도와주었더니 사랑의 감정이 되살아났다. 그런가 하면 너무 꾹꾹 참다가 서로에게 시체 같은 존재가 된 부부도 있었다. 나에게 죽은 사람을 되살릴 재주는 없기에, 이런 경우 최선의 방법은 둘의 관계에 대해 장례식을 치러주고 새롭게 시작하는 거라고 생각한다. 만일 당신에게 이런 일이 있었거나 지금 일어나고 있다면 경험을 배움의 기회로 삼기 바란다.

배우자들이 상대에게서 자신과의 공통점을 찾을 가능성은 100퍼센트에 가깝다. 마찬가지로 서로에게서 차이점을 발견할 확률도 100퍼센트다. 자녀를 키우다 보면 이런 차이점이 잘 드러난다. 부부 관계의 주된 부분인 의사결정도 마찬가지다. 많은 부부에게 의사결정은 조용하든 시끄럽든 누가 누구에게 무엇을 하라고 지시할 권한을 쟁취하기 위한 싸움이 된다. 이런 경우, 양측은 결정 하나를 내릴 때마다 자기 자신은 물론이고 상대방에 대해 좋지 않은 감정을 갖게 된다. 각자 외로움과 쓸쓸함, 피해 의식, 분노, 배신감, 우울함을 느끼기 시작한다. 양측은 결정이 지연될 때마다 각자의 자존감을 무기한 연기한다. 부부

싸움이 어느 정도 이어지고 난 뒤에는 사랑의 감정이 식어버린다.

어떤 부부들은 한쪽을 대장으로 인정하고 다른 한쪽이 무조건 결정을 따르기로 동의함으로써 이런 문제를 회피하고자 한다. 시댁 또는 처가 식구나 자녀, 가족 이외의 믿을 만한 사람 등 제삼자가 결정하게 하는 부부도 있다. 결국 모든 의사결정은 내려진다. 하지만 어떤 방법을 통해서인가? 그 결과로 무슨 일이 벌어지는가?

6장에서 이야기했던 의사소통 유형 중 몇 가지를 골라 당신과 배우자가 의사결정을 내리는 방식에 적용해보자.

- 회유를 통해 결정을 내리는가? 아니면, 상대방을 괴롭혀서? 훈계로? 혼동을 주어서? 무관심하게 행동해서?
- 누가 결정을 내리는가? 어떻게 내리는가? 각 결정에 공명정대하게 현실적으로 접근하고, 모두의 재능을 활용하는가?
- 경제적 능력과 자존감 사이에는 차이가 있음을 알고 그에 따라 행동하는가?
- 의사소통 반응과 자세를 이용해 최근에 내렸던 중대한 의사결정 과정을 역할극으로 표현해보라. 그다음, 그 결정이 실제로는 정확히 어떻게 내려졌는지 기억해보라. 둘 사이에 유사점이 있는가?

사례를 하나 소개하겠다.

결혼 전 희철과 민아는 각자 돈 관리를 했다. 이제 두 사람은 결혼을 했고 돈을 공동으로 관리하고 싶어 한다. 이것은 결혼식 후 두 사람이 처음으로 내리는 큰 결정이다.

희철이 자신만만하게 이야기한다. "나는 이 집의 가장이니까 내가 돈 관리를 맡을게. 우리 아버지도 항상 그렇게 하셨어."

민아가 약간 비꼬는 투로 반응한다. "당신이 어떻게요? 당신처럼 돈을 헤프게 쓰는 사람이! 난 당연히 내가 할 거라고 생각했어요. 친정에서도 항상 엄마가 관리하셨어요."

그러자 희철이 아주 조용히 말한다. "당신이 그러길 바란다면 그렇게 하는 게 좋겠지. 나는 당신 남편이고 당신이 나를 사랑하니까 돈 관리를 내게 맡길 거라고 생각했어. 어쨌거나 돈 관리는 남자의 영역이잖아."

민아는 조금 당황하며 이야기한다. "당신 기분을 상하게 할 생각은 없었어요. 그래요, 당신이 관리하기로 해요. 사랑해요."

이 의사결정 프로세스에 대해 당신은 어떤 의견인가? 어떤 결과로 이어지리라 생각하는가? 이 일 이후 이들의 사랑은 더 커질까, 작아질까?

5년 뒤, 민아가 희철에게 화를 내며 말한다. "당신, 이 밀린 청구서 보여요? 이 회사들이 소송을 걸겠다고 우릴 협박하고 있잖아요! 이제 돈 관리는 내가 하겠어요. 당신이 어떻게 생각하든 상관없어요!"

희철이 쏘아댄다. "그래, 해보라고. 얼마나 잘하는지 두고 보겠어!"

이 두 사람은 자존감과 금전적인 문제를 전혀 구분하지 못했다. 사랑하는 관계를 발전시키고 유지하는 데 의사결정 프로세스만큼 중요한 건 없을 것이다. 문제점 자체와 그 문제점을 둘러싼 자존감 사이의 차이점은 배워둘 가치가 있다.

연애와 결혼은 어떻게 다른가

이번에는 약간 각도를 틀어, 연애와 결혼의 기본적인 차이점과 그 차이점에 내재되어 있는 몇 가지 문제점을 생각해보자. 연애할 때 두 예비 부부는 계획을 세우고 서로 만난다. 자기 스케줄을 조절해 상대방을 위한 시간을 만들어내는 것이다. 양쪽 모두 상대방과 함께하는 걸 가장 앞선 우선순위로 여긴다. 따라서 자연스럽게 서로에게 상대방이 자신을 아주 중요한 사람으로 생각한다는 느낌이 전달된다.

결혼 후 이 감정은 극적인 변화를 겪게 된다. 연애를 할 때는 상대에게 가족, 친구, 업무, 취미 활동, 그 밖의 의무들이 있다는 사실을 잊기가 쉽다. 연애는 실제 인생에 비해 다소 인공적인 상황이다. 결혼 후에는 이런 실생활적 측면들이 다시 등장하면서 주의력을 빼앗아 간다. 자신이 상대방에게 모든 것이었다고 생각했는데 이제 여러 외부인(또는 여러 책임)과 그 사람을 나누어 가져야 한다면 문제가 시작될 수 있다. 당신이 이제 더는 상대의 인생에서 중심이 아니라는 사실을 받아들이는 건 매우 고통스러운 일이다.

게다가 결혼을 하고 나면 배우자의 어느 한 측면에만 관심이 쏠리는 경우가 많다. 내가 아는 한 남자는 항상 옷차림이 깔끔한 여자와 결혼했다. 그의 어머니는 항상 복장이 너저분했는데 그게 참 싫었기 때문이다. 나중에 그는 아내가 어떤 이유로든 단정치 못한 모습을 보이면 어머니에게 보였던 것과 같이 부정적인 태도로 아내를 대하기 시작했다.

많은 부부는 서로 사랑하니까 모든 일이 저절로 이뤄질 거라는 착각에 기댄다. 이 상황을 다리를 지으려는 기술자의 상황과 비교해보자. 기술자는 단순히 다리를 좋아하거나 사랑한다는 이유로 그처럼 엄청난 공사를 시작하지 않는다. 실제로 다리를 성공적으로 지으려면 그 전에 건설 공정을 완벽히 알아야 한다. 이 비유는 관계에도 똑같이 적용된다.

부부는 배우자 관계를 맺는 프로세스에 대해 알아야 한다. 다행히도 지금은 많은 부부가 이 사실을 깨닫고, 부부 생활이나 가정생활에 대해 교육해주는 수업이나 상담에 참여하고 있으며, 이런 프로그램들도 점점 더 늘어나고 있다. 가정이라는 건축물에는 사랑과 더불어 프로세스가 필요하다. 어느 쪽도 저절로 이뤄지지는 않는다.

비유를 조금 더 확장해보자. 다리 놓는 기술자는 자기가 하는 일을 좋아하니까 다리 건설에 무관심하거나 문제를 전혀 예상치 못하는 일반인에 비해 일을 진행하는 과정에서 어쩔 수 없이 일어나는 어려움과 고충을 잘 견뎌낼 것이다. 하지만 아무리 헌신적인 기술자라도 작업을 계속하려면 일이 진척되고 있다는 느낌을 받아야 한다.

부부도 마찬가지다. 결혼 생활을 지속하는 방식이 희망과 꿈을 채워주지 못하면 사랑은 사라져버린다. 그런데도 많은 사람이 사랑을 밀어내는 것이 그 프로세스라는 사실을 조금도 눈치채지 못한 채 사랑이 식어가고 있다며 안타까워한다.

결혼은 연애보다 상대방을 훨씬 더 많이 드러내 보여준다. 연인들은 혹시라도 결혼이라는 열매를 맺지 못할까 두려워 상대방에게 결점을 과도하게는 드러내지 않는다. 그렇지만 어떤 결점들은 명확히 눈에 보인다. 그걸 바꿀 생각부터 하는 연인들이 있는가 하면 그 사람의 일부로 받아들이고 만족하며 지내는 연인들도 있다.

부부로서 살을 맞대고 살다 보면 어느 순간 마음에 들지 않는 면이 눈에 들어오기 마련이다. 많은 사람에게 이것은 참혹한 실망감을 안겨준다. 환상에서 깨어난 부부들은 자주 이런 말을 한다. "결혼해서 같이 살아보기 전까지는 정말 알 수가 없다니까요!"

착각이 결혼 후 실망감으로 이어지는 사례는 적지 않다. 여자들은 속으로 이렇게 생각한다. '저 사람은 정말 술을 많이 마시지만 결혼해서 내가 많이 사랑해주면 더는 마시지 않겠지.' 남자들은 또 이렇게 생각한다. '세상 돌아가는 일에 너무 관심이 없는 것 같은데…. 그래도 결혼하고 나면 나와 이야길 하려고 뉴스도 보기 시작할 거야.'

두 사람이 하나의 가정을 이루고 함께 생활한다는 건 결코 쉽지 않은 일이다. 불행한 결혼 생활은 악몽과도 같을 수 있다. 나는 종종 결혼이란 마치 기업을 세우는 일과 비슷하다는 생각을 한다. 그 성공 여부가 조직의 운영 방법, 즉 프로세스에 달렸다는 점에서다.

다시 말하지만 서로에 대한 이끌림만으로는 충분치 않다. 배우자와의 호흡, 결혼에 대한 기대치, 둘 사이의 의사소통 방식은 어떤 결혼 생활을 영위하느냐에 막대한 영향을 끼친다.

무엇이 사랑을 시들게 할까

사랑을 갉아먹고 파괴하는 또 다른 요인은 사랑이 동일성을 의미한다는 착각이다. "당신은 항상 나와 똑같이 생각하고 느끼고 행동해야 해요. 그러지 않으면 당신은 날 사랑하는 게 아니에요." 이런 관점에서는 어떤 차이점이든 위협적으로 느껴질 수 있다.

동일성과 차이점에 대해 생각해보자. 나는 두 사람이 처음에 동일성 때문에 서로에게 호감을 느끼더라도 그 호감이 오랫동안 유지되는 건 서로의 차이점을 좋아하기 때문이라고 믿는다. 달리 말해 두 사람이 동일성을 찾지 못했다면 절대 만나지 않았을 것이고, 차이점을 발견하지 못했다면 인간적이고 흥미로운 인간관계로 발전하지 못했을 것이다.

동일성을 제대로 인식하지 못한다면 차이점에 성공적으로 대처하기란 불가능하다. 앞서 언급했듯이, 모든 인간은 고유하지만 어떤 특징들은 모두가 공통으로 가지고 있다. 정자와 난자의 결합을 통해 잉

태됐고, 어머니의 몸을 통해 이 세상에 태어났다. 피부로 둘러싸여 있고 그 안에는 신체의 유지와 성장에 필요한 모든 조직이 들어 있다. 예측 가능한 해부학적 구조로 되어 있으며 생존을 위해 공기, 음식, 물이 있어야 한다. 그리고 평생 감정을 가지고 살아간다.

이번에는 차이점에 관해서다. 많은 사람은 차이점이 갈등 또는 싸움의 원인이라고 생각해 차이점을 두려워하도록 배우며 자랐다. "싸움은 분노를 뜻하고 분노는 죽음을 뜻한다. 그러니 살아남으려면 남과 달라지는 걸 피하라." 하지만 앞서 언급했듯이, 인간은 공통점과 차이점을 동시에 가지고 있다. 이 지구상에는 수십억 인구가 살고 있는데 각 개인은 지문만으로도 손쉽게 구별된다. 지문의 문양이 중복되는 경우는 없고 모든 인간은 고유하다. 따라서 어떤 두 사람이라도, 심지어 쌍둥이일지라도 차이점이 있다.

사람들이 모두 똑같다면 인생이 얼마나 단조롭고 재미없을지 상상해보라. 차이점은 흥분, 재미, 생동감을 가져다준다. 물론 종종 문제점을 가져다주기도 한다. 차이점에 건설적으로 대처하는 방법을 찾는 게 우리가 해야 할 일이다. 어떻게 하면 다양성을 차별과 전쟁의 빌미가 아닌 학습의 기회로 활용할 수 있을까?

현명한 부부는 일찌감치 서로의 차이점을 인식하고 받아들이고자 노력한다. 그럼으로써 자존감을 높이고, 기꺼이 위험을 감수하는 용기를 가지며, 새로운 가능성을 창조하기 위해 자극을 받아들인다.

자녀에게 무엇을 어떻게 가르칠 것인가, 가족 청사진

최상의 조건에서조차 부모 역할을 제대로 하기란 결코 쉽지 않다. 나는 부모라는 역할이 세상에서 가장 힘들고 복잡하며, 걱정도 많이 따르고, 땀과 피를 쏟게 하는 일이라고 생각한다. 이 일을 성공적으로 수행하려면 궁극의 인내, 상식, 헌신, 유머, 기교, 사랑, 지혜, 인식력, 지식이 필요하다. 동시에 부모는 새롭고 특별한 한 인간에게 따르고 싶은 본보기가 될 수 있다는 점에서 가장 보람 있고 기쁜 역할이기도 하다. 아이가 초롱초롱 눈을 반짝이며 "세상에서 엄마 아빠가 최고예요!"라고 말할 때 가슴이 터질 듯 벅차오르지 않았던가. 그래서 우리에겐 '가족 청사진'이 필요하다. 아이에게 무엇을, 어떻게 가르칠지 미리 그려봐야 한다는 뜻이다.

부모가 되고자 마음먹은 사람은 새로운 것에 마음을 열고, 유머 감각을 잃지 않으며, 자기 자신을 인식하되 늘 솔직해야 한다. 미처 성숙하지 못한 두 성인이 만나 가정을 이루면, 그 가정의 프로세스는 엄청나게 복잡해지고 위태로워진다. 가정을 꾸려나가기가 아주 불가능한 건 아니지만 상상할 수 없을 만큼 험난한 여정이 된다. 하지만 모든 면에서 완벽한 사람이 어디 있겠는가. 다행스럽게도 인생의 어느 시점에서든 변화는 일어날 수 있다. 변화를 감수하겠다는 의지만 있다면 말이다. 당신이 언제든지 최선을 다하고 있음을 이해한 상태에서 변화를 시작하기 바란다. 지나고 나서 보면 '더 잘할 수 있었는데' 하는 후회가 들게 마련이고, 그것이 학습의 본질이기도 하다. 항상 최선을 다해왔음을 알면 현재 위치에서 더 도약할 자신감을 갖는 데 도움이 된다.

부모가 됐을 때 당신 자신이 발달 단계에서 어디쯤 와 있는가는 중요치 않다. 모든 일이 지나고 난 다음, 결혼을 했을 때 또는 부모가 됐을 때 '~해야 했는데'라며 자신을 질책하고 비난하는 건 아무 의미가 없다. 중요한 건 지금 당신이 어디에 와 있고, 지금 무슨 일이 벌어지고 있으며, 여기서부터 어떤 방향으로 가고자 하느냐다. 종류를 불문하고 비난에 시간을 허비하는 건 자신을 무기력하게 하고 변화에 쓸 에너지를 제한할 뿐이다.

준비된 부모가 행복한 아이로 키운다

대부분의 부모는 자녀가 자신만큼 괜찮은 인생 또는 자신보다 나은 인생을 살기를 바란다. 또 그럴 수 있도록 기꺼이 디딤돌이 되고자 한다. 만일 당신을 키워준 부모님의 육아 방식이 마음에 들고 그분들이 서로를 대하는 방식에 공감한다면, 그들을 청사진의 모델로 삼아도 좋다.

그러나 자라면서 겪었던 일들이 마음에 들지 않는다면 내 아이는 다르게 키워야겠다는 생각이 들 것이다. 안타깝게도 무엇을 하지 않기로 마음먹는다고 해서 모두 끝난 게 아니다. '하지 말아야 할 것'에서 방향성을 도출해낼 수는 없으니 말이다. 어떤 부분을 다르게 할지, 어떻게 다르게 할지를 직접 결정해야 한다. 바로 이 부분에서 문제가 발생한다. 따를 만한 모델도 없이 홀로 무인도에 뚝 떨어진 듯한 기분이 들기 때문이다. 완전히 새로운 모델을 스스로 창조해야 한다. 어디서 재료를 찾을 것인가? 새 모델에 무엇을 집어넣을 것인가?

어린 시절에 접한 모델을 성인이 되어 바꾸는 건 생각보다 힘든 일이다. 마치 오래된 습관을 버리는 일과도 비슷하다. 어린 시절 밤낮으로 몇 년 동안 경험했던 것들은 편하든 편치 않든 이제 생활의 기초적인 부분이 되어버렸다. 부모들은 이렇게 한탄한다. "저는 우리 부모님과 다른 삶을 살고 싶었는데, 시간이 갈수록 그들을 닮아가요." 이것이 본보기의 효과다. 어린이로서 겪은 일들은 친숙하다. 친숙함의 힘은 아주 강력하며, 변하고자 하는 욕구보다 더 강할 때가 많다. 그 힘을 이겨내려면 단호하게 바꾸고, 엄청난 끈기를 발휘하고, 지속해서 자각해야 한다.

가족 경험을 떠올리는 과정을 설명해보겠다. 예를 들어 당신은 어릴 적 어머니가 빙빙 돌려 이야기하시지 않고 시키려는 일을 직접적으로, 명확하게 말씀해주실 때 도움이 됐던 걸 기억해낼 수 있다. 어머니는 당신을 똑바로 바라보면서 한 손을 부드럽게 당신 어깨에 올리고 또렷하면서도 다정한 목소리로 이렇게 말씀하셨다. "엄마는 네가 오늘 오후에 잔디를 좀 깎아주었으면 좋겠구나." 이 말을 들은 당신은 잔디 깎는 내내 기분이 좋았다.

반대로, 아버지는 퇴근 후 집에 오셔서 "너는 어째서 빈둥거리기만 하는 거야? 똑바로 안 하면 앞으로 용돈 안 준다!"라고 소리를 지르시곤 했다. 이 말에 당신은 겁이 덜컥 났고 반항심이 들었다.

그런가 하면 무엇을 요구하든 매번 "그러려무나"라고 대답하시던 할머니도 그렇게 많은 도움이 되지는 않았던 게 기억날 수도 있다. 왠지 할머니 말은 다 들어드려야 할 것만 같은 의무감을 느꼈기 때문이다. 이런 기억 때문에 당신은 자녀들에게 솔직하게 대답하는 방법을 가르쳐야겠다고 마음먹을 수 있다.

아버지에게 고민거리를 가져가면 도움을 얻곤 했던 일이 생각날 수도 있다. 아버지는 참을성 있게 들어주시고 당신이 스스로 결정을 내릴 수 있도록 이끌어주셨다. 그에 비해 삼촌은 당신 대신 고민을 직접 풀어주려고 나서곤 했다. 그런 일은 당신이 스스로 일어서는 방법을 배우는 데 방해가 됐다. 당신에게는 아버지가 분명히 더 도움이 됐다.

양쪽 부모 어느 쪽도 그다지 많은 도움이 되지 않았다고 판단할 수도 있다. 당신이 대화에 끼어들 때마다 두 분은 하던 일을 중단하고 관심을 온통 당신에게만 쏟았다. 나중에 다른 사람들이 당신을 그런 식으로 대해주지 않으면 당신은 상처받고 혼란스러워하곤 했다. 원하는 걸 얻지 못하면 짜증을 부리기도 했다. 부모님의 지나친 관심 탓에 당신은 끈기를 키우지 못했고, 때로는 순서를 기다려야만 한다는 사실을 이해하지 못했다.

당신이 '나쁜' 말을 하자 어머니가 몇 시간 동안 옷장에 가둔, 가혹한 경험을 했을 수도 있다. 당신은 두려움으로 여기저기 몸이 아파졌고 급기야 복수를 다짐했다. 사랑받지 못하고 버려졌다는 느낌에 울기도 했다.

처음 부모가 된 사람들은 배울 게 많다. 예를 들어, 인체의 성장 발달에 대해 잘 모르는 성인들이 많다. 특히 감정이 행동과 지능에 영향을 끼친다는 사실을 낯설어한다. 자녀의 발달 과정에 관한 학습 또한 중요한데, 이런 정보를 알고 있으면 양육에 더 자신감을 가질 수 있다.

사과나무 한 그루를 키우는 데도 지식이 필요하다. 그런데 아이를 키우는 데 지식을 갖춰야 한다고 생각하지 못하는 부부가 의외로 많다. 가족을 일구는 일이 본능과 의지로만 된다고 믿는 것이다. 단지 희망하기만 하면, 또는 남녀가 임신과 출산이라는 과정만 거치면 누구라도 훌륭한 부모가 될 수 있을 것처럼 행동한다. 하지만 부모가 된다는 건 세상에서 가장 복잡한 일이다. 그러므로 부모들에게는 도움, 지식, 지원이 아낌없이 제공되어야 한다. 하지만 안타깝게도 부모들에게 요구되는 것들은 너무나 많은 반면, 주어지는 지원은 턱없이 적다.

아기를 인간다운 인간으로 이끄는 과정에는 특별한 지식이 필요하다. 가족은 부부가 아이를 가지면서 시작된다. 한때 두 사람이 있었던 곳에 세 사람이 자리하게 되는 것이다.

아이가 태어난 후 환경 변화에 현명하게 대처하는 법

아이의 출생은 부부의 생활에 대대적인 변화를 가져온다. 아기의 요구를 곁에서 즉각 채워줘야 하기 때문에 부부가 함께하던 시간과 공간을 불가피하게 조정해야 한다. 관계가 건강하고 균형 잡힌 부부라면 이런 일을 수월하게 할 수 있지만, 그런 상태에 도달하지 못한 부부는 물리적·정신적인 스트레스를 겪기도 한다.

이런 스트레스를 겪는 부부들에게 다음과 같은 조언을 해주고 싶다.

• 믿을 만한 사람에게 잠시 아이를 돌봐달라고 부탁하고, 부부가 서로 솔직하고 허심탄회하게 이야기를 나누는 시간을 가진다. 편안하고 중립적인 집 밖의 장소에서 만나 분노와 실망, 무력감, 두려움 등 각자가 느끼는 감정을 공유한다. 이런 상황이 발생하면 서로에 대해 가졌던 꿈이 물거품이 되는 듯한 느낌을 받게 될 것이다. 아기가 그 자리를 대신해버린 것이다. 이 시기는 아이에 대해 어머니만큼 애착을 느끼지 못하는 아버지들에게 특히 힘겨울 수 있다. 아버지들은 자신이 꼭 필요하고 소중한 사람이라는 사실을 알아야 한다. 아내는 남편에게 이런 지위를 부여할 수 있는 심리적 권위를 가지고 있다.

- 서로가 서로에게 어떤 의미인지, 그리고 서로에게 바라는 바가 무엇인지를 말로 표현한다. 이를 통해 한층 새로워진 자존감으로 에너지를 높이면, 서로에게만이 아니라 아이에게도 더 긍정적으로 대처할 수 있다.
- 이런 솔직한 대화 이외에도 매일 서로를 재확인하는 시간을 갖는다든지, 매주 두 사람만을 위한 특별한 일을 계획하는 방법도 괜찮다. 부부 관계를 유지하고 그것을 가장 앞선 우선순위로 삼는 것은 온전한 부모 역할을 위한 기본적인 단계다.
- 이 밖에도 부모는 자주성을 잃을까 두려운 마음이 들 수도 있다. 마음 한구석에 '내 시간은 어디 있지?'라는 의문이 샘솟는 것이다. 부부들은 의식적으로 각자의 자아를 위한 시간을 마련해야 한다. 이를 위해서는 그런 욕구를 말로 표현하고 배우자에게(그리고 다른 가족 구성원에게) 협조를 구하라. 분명 뭔가 좋은 방법이 등장할 것이다.
- 내면의 지혜를 활용해 당신이 자신에게 또는 상대방에게 의도치 않게 오해를 살 만한 행동을 하고 있지는 않은지 살핀다. 만일 그렇다면 어떤 부분에서 어려움이 발생하는지 원인을 정확히 짚어내야 한다. 내재적인 지혜는 어려움을 극복하는 새로운 아이디어의 원천이다.

이런 위기를 실패라고 여기기보다 도전 과제로 받아들인다면 한 단계 도약할 수 있다. 수수께끼를 풀듯 위기에 접근하는 것도 좋다. 어떻게 하면 서로를 사랑하는 두 사람이 한마음 한뜻이 되어 자신과 배우자 그리고 자녀에게 이익이 되는 방향으로 일을 풀어나갈 수 있을까? 인간에게는 지성이 있다는 사실을 기억하자. 지성은 정서적으로 평정 상태일 때 가장 잘 발휘된다. 앞의 조언 중 아무것도 효과가 없다면 꼭 전문가의 도움을 구하길 바란다.

육아의 중요성과 부담감이 지나치게 커지다 못해 부부로서의 생활이 뒤편으로 밀려나 희미해지는 경우가 너무나도 잦다. 이런 일이 일어나고 있는데 그냥 방치해둔다면 결국은 자녀가 무거운 대가를 치러야 할 것이다. 자녀는 부부가 함께해야 하는 명분으로 이용되기도 하고, 부모가 자신들의 어려움을 직접 또는 간접적으로 자녀의 탓으로 돌리기도 한다. "너만 아니었다면 상황은 지금보다 나았을 거야"라고 말하면서.

사람들은 이것저것 노력을 기울이다가 아무런 효과가 없으면 낙담하곤 한다. 하지만 효과가 없음을 솔직히 인정하는 것 자체가 전환점이 될 수 있다. 그동안 얼마나 오래 일이 잘못되어왔든, 우리는 지금까지와 다르게 하는 방법을 배울 수 있다. 정말로 마음을 고쳐먹고 새로운 방향으로 나가야겠다고 결심하면 당장이라도 변화를 시작할 수 있는 것이다.

우선은 지금 무슨 일이 벌어지고 있고 무엇을 배워야 하는지를 알아내야 한다. 그런 다음 그걸 배울 방법을 찾는다. 가정에서 뭔가가 잘못 돌아가고 있음을 발견하게 됐다면, 차 계기판에 빨간불이 들어왔을 때처럼 대처하라. 일단 멈춰 상태를 살핀 다음, 관찰한 내용을 공유하고, 어떤 조치를 취할 수 있는지 판단하라는 뜻이다. 당신이 직접 고칠 수 없다면 믿을 만한 사람 중 고칠 수 있는 누군가를 찾아라.

부모의 양육 방식을 본보기로 삼을 때 주의할 점

부모님의 육아 방식을 따를 때 무의식중에 몇 가지 함정에 걸려들 수 있다. 예를 들어 자신이 어릴 적 가져보지 못했던 것을 아이에게 선물하는 경우를 보자. 부모의 이런 행동은 좋은 결과로 이어질 수도 있지만 큰 실망으로 끝날 수도 있다.

한 젊은 어머니가 내게 들려준 이야기다. 그녀는 딸이 태어나 여섯 살쯤 됐을 때 몇 달 동안 돈을 모아 비싼 인형을 사주었다. 하지만 딸은 별로 관심을 보이지 않았고, 그녀는 마음이 으스러지는 듯 아팠다. 나와 상담하는 과정에서 그녀는 자신이 어릴 적 갖고 싶었으나 그러지 못했던 인형을 딸에게 대신 선물했다는 걸 알게 됐다. 자기는 자랄 때 인형을 가질 형편이 아니었지만 딸에겐 이미 몇 개나 있다는 사실도 새롭게 인식했다. 나는 그녀에게 그 인형을 딸에게 주고 대리만족을 할 게 아니라 직접 가지라고 조언해줬다. 그녀는 내 말에 따랐고, 오랜 욕구를 충족했다.

자랄 때 충족되지 못한 욕구가 있는 성인들은 종종 자녀를 통해 대리만족을 하려고 한다. 하지만 부모가 전가한 만족감을 자녀들이 고맙게 받아들이는 경우는 아주 드물다. 과거에 해소되지 못하고 현재까지 남아 있는 부모의 욕구는 비이성적인 육아의 요인이 되곤 한다. 나는 이것을 '과거의 오염된 그림자'라고 부르는데, 많은 부모가 이를 전혀 인식하지 못한다.

또 다른 함정은 부모들이 자녀의 적성이나 희망과 무관하게 특정한 꿈을 이뤄주길 기대하는 것이다. 자신이 직접 이루지 못한 꿈을 이뤄주길 바랄 때가 많다. "나는 아들이 음악가가 됐으면 좋겠어요. 나는 항상 음악을 좋아했거든요" 같은 말을 당신도 주변 사람에게서 한 번쯤은 들어봤을 것이다. 부모를 실망시키지 않으려고 열망도 없는 꿈을 추구하는 아이들이 얼마나 많은가.

부모들은 의식하지 못하는 상태로 자기 마음엔 흡족하지만 자녀가 원하지 않을 수도 있는 계획을 세우곤 한다. 욕구 이론을 주창한 심리학자 에이브러햄 매슬로Abraham Maslow는 이는 자녀에게 보이지 않는 구속복을 입히는 것과 같다고 이야기했다. 그 결과, 지금과는 다른 사람이 되고 싶지만 부모의 압력에 어떻게 대처해야 할지 모르겠다고 호소하는 성인들이 생겨난다. 특히 아낌없는 사랑을 받고 자란 경우, 자녀가 부모의 뜻을 거역하려면 대단한 용기와 기술이 필요하다.

부모가 되어서까지 자기 부모에게 얽매여 있을 때 빠지게 되는 또하나의 함정이 있다. 부모의 비판을 받을까 봐 두려운 마음에 자녀를 자기 방식대로 키우지 못하는 것이다. 이런 부모는 자녀를 '삐딱하게' 대하기 쉽다. 그러다 보면 아주 좋지 않은 상황이 전개될 수 있는데, 나는 이것을 '부모의 족쇄'라고 부른다. 한 젊은 아버지는 자기가 아이를 꾸짖으면 자기 아버지가 아이를 두둔할까 봐 적절한 훈육도 하지 못했다. 아버지와 갈등을 빚기 싫어 양육에서 한 발짝 떨어진 채 생활하는 것이다.

그리고 또 한 가지 '부모의 외투'라는 함정이 있다. 부모의 외투란 부모의 역할을 수행하는 성인의 한 부분을 가리키는 것으로, 자녀가 뭔가를 스스로 할 수 없어서 부모의 지도를 원할 때만 쓸모가 있다는 게 나의 지론이다. 외투가 자녀에게 덮어씌워져 꿈쩍도 하지 않고 평생 남아 있으면 문제가 발생한다.

당신이 입고 있는 부모의 외투는 어떤 종류이고, 그걸 항상 입어야 한다고 느끼는가 아닌가는 가족 청사진에서 매우 중요한 요소다. 부모 역할을 하고 있지 않을 때는 외투를 벗어둘 수 있는가? 예컨대 가끔은 아내(또는 남편)나 자기 자신이 되고 싶어질 때가 있을 텐데, 그럴 때도 부모의 외투를 입고 있으면 상당히 어색할 것이다.

부모의 외투는 성격에 따라 우두머리, 비서, 리더 등 크게 세 가지 유형으로 나눌 수 있다. 그중에서 우두머리는 다시 세 부류로 나눌 수 있다.

첫 번째는 권력을 휘두르고, 모든 걸 알고 있으며 만인의 모범 행세를 하는 폭군이다. 이런 부모는 6장의 의사소통 유형 중 비난형으로 볼 수 있으며 공포를 통해 통제한다("내가 곧 권력이니까 넌 무조건 내 말대로 해"). 두 번째는 타인을 위한 희생 이외에는 아무것도 바라지 않는 순교자다. 순교자는 회유형으로 볼 수 있으며, 무슨 수를 써서라도 무가치한 사람으로 비치려 애를 쓴다. 이런 부모는 죄책감을 통해 통제한다("나는 신경 쓰지 말고, 그저 너만 행복하면 된다"). 세 번째는 무표정한 얼굴로 온갖 '옳은' 것에 대해 쉴 새 없이 설교하는 유형이다. 이런 부모는 계산형으로 볼 수 있다. 자신의 박학다식함을 내세우면서 자녀가 멍청하다는 암시를 통해 통제한다("그것도 모르니? 이게 옳은 방법이야").

비서 같은 부모는 결과가 어떻든 늘 응석을 받아주고 잘못을 용서해준다. 이런 유형의 부모는 혼란형으로 볼 수 있다("너도 어쩔 수가 없었겠지. 일부러 그런 건 아니잖아").

그리고 마지막으로, 지도자이자 안내자 같은 리더 유형이 있다. 나는 부모들에게 위임적인 리더가 되기 위해 노력하라고 조언한다. 권력을 부정적으로 휘두르는 대신 현실을 기반으로 사랑이 깃든 조언을 하며, 자녀를 믿고 격려를 아끼지 않는 이해심 많은 부모가 되라는 뜻이다. 사람들은 부모가 되면 자신에게 속임수를 쓴다. 급작스럽게 부모로서의 본분을 다해야 한다고 여기고, 쓸데없이 진지해져서 모든 가벼움과 즐거움을 포기해버리는 것이다. 더는 자신의 욕구를 충족하거나 재미있게 즐기지도 못한다. 하지만 내 생각은 정반대다. 가족과 함께하는 시간을 즐기고 그들을 현실로 소중하게 받아들이는 사람들이야말로 가정생활에서 발생하기 마련인 여러 어려움을 색다른 시각으로 바라보고 대처할 수 있다.

유머를 잃지 않으면 어떤 상황도 헤쳐나갈 수 있다

재미있게 즐기거나 유머 감각을 발휘한다고 해서 유능하거나 책임감 있는 사람이 될 수 없는 건 아니다. 오히려 진정으로 유능한 사람은 자기 자신도 즐기면서 함께 일하는 상대방까지 즐겁게 해주고, 자신의 일을 즐긴다. 최근 한 학회에 참석했다가 어떤 대기업의 새로운 인재 선발 기준 세 가지를 접했다. 이 회사는 친절하고, 유쾌하며, 능력 있는 사람을 찾고 있었다. 이 세 가지는 모든 사람이 높이 평가하는 자질이 므로 육아의 목표이자 인생의 목표로 삼아도 좋을 듯하다.

자신의 허점을 웃어넘기고 그걸 농담 삼아 이야기하는 법을 배우는 건 아주 중요한 일이다. 이런 여유를 갖는다면 장차 직장을 구할 때는 물론 살아가는 데도 도움이 될 것이다. 가정은 우리가 바로 이런 기술을 익히고 연습할 수 있는 곳이다. 부모님의 모든 말과 행동을 마치 궁극의 지혜나 권위인 양 받아들여야 한다면 재미를 발견할 기회가 사라진다. 나는 당장 폭풍우가 몰려올 듯 암울하고 진지한 분위기가 감도는 가정들을 방문한 적이 있다. 지나친 정중함에 억눌린 나머지, 거기 살고 있는 건 사람이 아니라 유령이라는 느낌이 들었다. 또 다른 집에서는 모든 것이 너무 깨끗하고 깔끔하게 정돈되어 있어서 내가 갓 소독해 나온 수건이라도 된 듯한 느낌이 들었다. 둘 중 어느 분위기에서도 사람들이 즐거움을 느낄 것으로 여겨지지 않는다.

우리는 오래전부터 걱정, 두려움, 분노, 기타 부정적인 감정들이 몸에 파괴적인 결과를 가져온다는 사실을 알고 있었다. 그에 비해 웃음과 유머가 건강을 증진하는 데 도움이 된다는 사실은 이제 겨우 알게 됐다. 웃음과 사랑은 훌륭한 치료약이다. 나는 밝고 가벼운 분위기에서 가장 완벽하고 의미 있는 성과를 얻는다고 믿는다.

사랑이라는 감정이 어떤 것인지 곰곰이 생각해본 적 있는가? 사랑을 느낄 때 내 몸은 날아갈 듯 가볍고, 기의 흐름도 더 자유롭게 느껴지며, 신나고 앞이 탁 트여 있고 두려움 없고 든든하고 안전하다는 기분이 든다. 나 자신이 가치 있고 바람직한 사람이라는 느낌이 고조된다. 또한 내가 이런 감정을 느끼게 하는 상대방의 욕구와 소망을 더욱 또렷이 인식하게 된다. 나는 사랑이라는 감정을 좋아하며, 인간의 인간다움을 표현하는 가장 고차원적인 형태라고 믿는다.

나는 많은 가정에서 사랑이 너무나 찾기 힘든 희귀 자원처럼 되어버린 현상을 봤다. 서로에게 고통, 좌절, 실망, 분노를 느끼는 가족 구성원에 대한 이야기만 잔뜩 듣기도 했다. 사람들이 이런 부정적인 감정에 너무 많은 주의를 쏟으면 눈길을 받지 못한 다른 긍정적인 감정들은 사그라지고 만다.

인생에 굴곡이 있고 그에 따라 발생하는 부정적인 행동과 감정이 있음을 부인하려는 뜻은 전혀 아니다. 다만 그런 부분에만 초점을 맞추다 보면 다른 쪽을 바라볼 기회를 놓치게 된다는 이야기를 하고 싶은 것이다. 희망과 사랑은 우리를 계속 전진하게 하는 힘이다. 우리가 '옳은' 행동을 하고 목표를 완수하는 데 지나치게 많은 시간을 소비하면 서로 사랑하고 즐길 시간이 너무 적어진다. 그런데도 이런 사실을 너무 늦어버린 다음에야, 심지어 죽음에 임박해서야 알게 되는 사람이 너무나 많다.

지금까지 육아에서 발생할 수 있는 몇 가지 난관들에 대해 이야기했다. 어쩌면 당신이 좀 더 확고하고 생기 넘치는 가족 청사진을 설계하는 데 도움이 될 만한 몇 가지 방법을 찾았을지도 모르겠다.

이 시점에서 문득 미국의 유머 작가 로버트 벤츨리의 일화가 떠오른다. 벤츨리의 대학 시절, 기말시험 문제가 어류 부화장에 관한 에세이 쓰기였다고 한다. 그는 한 학기 내내 책 한 번 들춰본 적이 없었다. 이에 굴하지 않고 그는 다음과 같은 서론으로 기말시험 답안을 작성하기 시작했다. "어류 부화장을 주제로 한 문헌은 수없이 많다. 그러나 지금까지 이 주제를 물고기의 입장에서 다룬 사람은 아무도 없었다." 이렇게 해서 그는 하버드 역사상 아마도 가장 웃기는 내용의 에세이를 제출했다.

아기의 시선으로 부모를 바라보자

지금까지 부모의 역할에 대해 논했으니, 이번에는 아기의 입장에서 부모와 가정을 한번 바라보자. 다음은 태어난 지 2주 정도 된 아기 지우가 어떤 생각을 할지 상상해본 것이다.

"나는 가끔 몸이 아픈 걸 느껴요. 담요에 몸이 너무 꽉 조이거나 같은 자세로 너무 오랫동안 누워 있어야 할 때면 등이 아파요. 배가 고프면 기운이 없고, 너무 많이 먹으면 속이 울렁거려요. 아직 고개를 가눌 줄 모르기 때문에 빛이 직접 눈으로 들어와도 괴로워요."

"햇볕을 오래 쬐면 피부가 타들어 가는 것 같아요. 옷을 너무 많이 입어서 더울 때도 있고 너무 적게 입어서 추울 때도 있어요. 가끔은 눈이 아프고 빈 벽을 바라보다가 심심해지기도 해요. 팔이 몸 아래에 너무 오래 깔려 있으면 감각이 없어져요. 가끔 기저귀가 너무 오랫동안 젖은 상태로 있을 때면 엉덩이가 쓰라려서 견딜 수가 없어요. 변비 때문에 배가 아프기도 해요. 너무 오래 바람을 쐬면 피부가 얼얼해져요."

"때로는 주변이 너무 조용해서 답답하고 불편한 느낌이 들어요. 목욕물이 너무 차갑거나 너무 뜨거워도 몸이 아파요."

"많은 사람이 손으로 나를 만지는데, 너무 꽉 붙잡으면 아파요. 꼬집히고 눌리는 느낌이거든요. 어떤 사람들의 손은 까끌까끌해서 나를 쓰다듬으면 조금 아프기도 해요. 사람들은 손으로 나를 밀기도 하고 당기기도 하고 붙들어 주기도 하죠. 내 기분을 알아주는 것 같은 사람의 손은 참 기분 좋게 느껴져요. 힘이 적당면서도 부드럽고 애정이 담긴 손길이에요."

"누가 내 한쪽 팔만 붙잡고 나를 끌어올리거나 기저귀를 갈면서 발목을 너무 꽉 잡으면 정말 많이 아파요. 나를 너무 꼭 껴안으면 숨이 막혀서 질식할 것만 같은 기분이 들어요."

"누군가가 내 침대에 와서 내 위로 갑자기 커다란 얼굴을 들이대도 무서워요. 그 거인이 나를 밟고 지나갈 것만 같거든요. 온몸의 근육이 긴장돼서 아파요. 나는 아프면 울음을 터뜨려요. 그게 내가 아프다는 걸 누군가에게 알릴 수 있는 유일한 방법이거든요. 사람들이 내 울음의 뜻을 항상 이해하지는 못하지만요."

"때로는 주위의 소리 때문에 기분이 좋아져요. 때로는 귀가 따갑고 머리를 아프게 하는 소리도 들려요. 어떤 때는 내 코로 뭔가 굉장히 맛있는 냄새가 들어오기도 하고 어떤 때는 역겨운 냄새가 나기도 해요. 그러면 나는 울어요."

"내가 울면 대개는 엄마나 아빠가 나를 돌아봐요. 내가 괴로워한다는 걸 알아주고 무엇 때문에 그러는지 살펴주면 기분이 좋아져요. 엄마랑 아빠는 내가 핀에 찔렸거나 배가 고프거나 변비 아니면 외로움 때문에 울고 있다고 생각하시죠. 그러고는 나를 안아 올려서 달랜 다음 젖을 먹이고 얼러주세요. 난 엄마 아빠가 내 기분이 나아지길 바라신다는 걸 잘 알아요."

"부모님과 내가 같은 언어를 쓰지 않기 때문에 힘이 들어요. 가끔 부모님은 내가 얼른 울음을 그쳐서 하던 일을 마저 해야겠다고 생각하시는 것 같아요. 내가 무슨 장바구니나 되는 것처럼 잠깐 안고 어르다가 내려놓기도 하시죠. 그러면 저는 비참한 기분이 들어요. 아마 다른 할 일이 있으신 것 같기는 해요. 나 때문에 부모님이 화가 난 것 같을 때도 있고요. 정말 그럴 뜻은 없어요. 뭐가 문제인지 알릴 적절한 방법이 없을 뿐이에요."

"사람들이 예뻐해 주면서 나를 만지면 괴롭던 몸이 씻은 듯 나아져요. 그런 사람들은 자신감이 넘쳐 보이고, 나를 이해하려고 정말로 애를 써요. 나도 될 수 있는 한 도움이 되려고 노력해요. 울음소리를 다르게 내려고 노력한다니까요. 누군가의 음성이 풍부하면서 부드럽고 음악적일 때도 기분이 좋아요. 엄마랑 아빠가 나를 바라볼 때, 특히 내 눈을 들여다볼 때 기분이 좋아요."

"엄마는 가끔 나를 거친 손길로 다루고 거슬리는 목소리로 이야기하시는데, 정작 그 사실을 모르시는 것 같아요. 아셨다면 바꾸려고 노력하셨을 테니까요. 그럴 때면 무언가에 정신이 팔린 것 같기도 해요. 엄마의 손길이 여러 차례 나를 아프게 하고 목소리가 계속 언짢게 들리면 나는 엄마가 무서워져요. 그럴 때 엄마가 가까이에 오면 긴장이 돼서 몸을 움찔거려요. 그렇다고 멀리 도망가진 못하지만, 엄마는 기분이 상한 것 같기도 하고 화가 나신 것 같기도 해요. 내가 엄마를 싫어한다고 생각하시지만 사실 난 무서운 거예요. 때로는 아빠 품이 더 포근해서, 아빠에게서 따스함과 안전함을 느껴요. 아빠가 기분이 좋으시면 나도 긴장이 풀려요."

"가끔 엄마는 내 몸도 엄마랑 똑같이 반응한다는 사실을 모르시는 것 같아요. 내가 침대에 누워 있고 엄마가 친구들과 함께 있을 때 나와 다른 가족들에 대해 말씀하시는 내용 중엔 내 귀가 완벽하게 잘 들린다는 걸 안다면 하지 않으셨을 말들도 있거든요. 한번은 엄마가 이렇게 말씀하시는 걸 들었어요. '우리 지우는 제 외삼촌을 많이 닮게 될 거야.' 그러고는 갑자기 우시더라고요. 이와 비슷한 일이 몇 번 있었는데, 그래서 나는 나한테 뭔가 대단히 잘못된 게 있나 보다 생각했죠."

"나는 태어난 이후로 줄곧 누운 자세로 생활했기 때문에 이 위치에서 사람들을 만나게 돼요. 아래쪽에서는 엄마와 아빠의 턱이 제일 잘 보이죠. 나는 세상을 전부 그런 각도에서 바라봐요."

자녀의 나이가 많든 적든, 어른들이 아이에게 무슨 생각을 하고 있고 어떤 기분인지 말해주는 게 중요하다. 아이는 엉뚱한 메시지를 읽어내기 쉽다. 지우의 내면 생각 중 외삼촌에 관한 얘기가 한 예다. 그 외삼촌은 엄마가 가장 사랑하는 남동생으로 얼마 전 교통사고로 세상을 떠났고, 그 때문에 눈물이 북받친 것이었다.

이번에는 쑥쑥 성장하는 지우의 시선을 따라가 보자.

"앉는 방법을 배운 이후로 얼마나 많은 것이 달라졌는지 너무나 놀라워요. 기어다니기 시작하면서는 내 밑에 있는 것들이 보이기 시작했고 발과 발목을 능숙하게 사용할 수 있게 됐어요."

"일어서기 시작하면서부터는 무릎 쓰는 법을 많이 배웠어요. 처음 일어서는 걸 배웠을 때 내 키는 겨우 60센티미터였어요. 위를 올려다볼 때 엄마의 턱이 전과는 다르게 보였죠. 엄마는 손이 엄청나게 커 보였어요. 내가 엄마와 아빠 사이에 서면 두 분 사이가 정말 멀리 떨어져 있어서 때로는 너무 위험하다는 느낌이 들었고, 내가 아주아주 작다는 생각이 들었어요."

"걸음마를 배운 다음부터는 엄마랑 같이 장 보러 갔던 게 기억나요. 엄마는 항상 서두르셨어요. 내 한쪽 팔만 잡은 채로요. 엄마는 걸음이 너무 빨라서 내 발이 땅에 거의 닿지 않을 지경이었죠. 나는 팔이 아파서 울기 시작했어요. 그러면 엄마는 화를 내셨어요. 엄마는 내가 왜 우는지 모르셨을 거예요. 엄마는 팔을 아래로 내려뜨린 채 두 발로 걷고 있었지만 나는 팔을 위로 든 상태라 제대로 걷기가 힘든 상황이었는데 말이죠. 나는 계속 중심을 잃었어요. 몸의 균형을 잃으면 어질어질 넘어질 것만 같은 느낌이 들었어요."

"엄마와 아빠가 내 팔을 한 쪽씩 잡고 걸으면 팔이 금세 아파졌어요. 아빠는 엄마보다 키가 컸어요. 그래서 아빠 손을 잡으려면 팔을 더 높이 뻗어야 했죠. 그래서 내 몸은 기우뚱해졌어요. 두 발이 절반쯤은 허공에 뜬 상태였어요. 아빠는 보폭이 아주 넓었어요. 나는 아빠 걸음을 따라잡기 바빴지요. 결국 더는 따라잡기 벅차서 아빠한테 나를 좀 안아달라고 졸랐어요. 아빠는 나를 안아주셨지만 내가 지쳤나 보다고 생각하신 것 같아요. 내가 숨쉬기 힘들 정도로 끌려다녔다는 사실을 모르셨던 거죠. 아주 행복했던 순간도 있었지만, 어찌 된 일인지 나쁜 기억이 더 많은 것 같아요."

"엄마랑 아빠가 자녀 양육 세미나에 다녀오셨다고 해요. 그 이후로 내게 무슨 이야기를 하고 싶으실 때면 항상 나를 의자나 소파에 앉히고 내 눈높이로 바라보실 뿐만 아니라 부드러운 손길로 어루만져 주세요. 그러면 기분이 무척 좋아요."

나는 모든 아이를 눈높이에서 접촉하려고 노력한다. 그러려면 보통은 내가 무릎을 꿇고 앉거나 아이가 무언가를 밟고 올라서게 해서 키를 맞춰야 한다. 첫인상은 엄청난 영향력을 끼치기 때문에, 나는 유아가 어른을 처음 볼 때 마치 거인을 만난 것처럼 엄청난 권한과 힘을 느끼지 않을까 생각하곤 한다. 이것은 큰 위안과 든든함으로 느껴질 수도 있지만, 아이의 작은 체구와 무력함을 생각하면 엄청난 위협으로 느껴질 수도 있다.

아기는 갓 태어난 직후부터 세상을 배워간다

부모와 자녀가 처음 만날 때, 자녀는 정말 조그맣고 힘이 없다. 그래서 부모는 자녀에 대해 작고 힘이 없는 존재라는 이미지를 형성하기 쉬우며, 그 이미지는 자녀가 다 자란 뒤까지 지속될 수 있다. 다시 말해, 아들이나 딸이 열여덟 살이 되어도 부모의 눈에는 아직 작고 힘없는 아이로 비치는 것이다. 자녀가 실제로는 몸집이 크고 힘도 세서 할 수 있는 일이 많아진 성인이 됐다고 하더라도 상관이 없다. 마찬가지로, 성인이 된 자녀 역시 스스로 힘센 존재가 된 뒤에도 전능한 부모의 이미지를 간직하기 쉽다.

이런 가능성을 알고 있는 부모들은 자녀가 되도록 빨리 자신의 힘을 발견할 수 있도록 돕는다. 그들은 강해지는 방법을 자녀에게 보여주고, 그 힘에 어떤 한계가 존재하는지도 알려준다. 이런 배움의 기회를 갖지 못한 아이는 타인에게 의지해 살거나 지배하거나 등 좋은 쪽으로든 나쁜 쪽으로든 그들에게 신과 같은 존재가 되고자 한다.

유아의 신체는 성인들과 똑같이 반응한다. 유아의 오감은 출생과 동시에 작동하기 시작하므로, 유아도 성인이 느끼는 거라면 뭐든지 느낄 수 있다. 아직 말로 표현할 수는 없지만 유아의 뇌는 받아들인 감각을 해석하려고 열심히 돌아가고 있다. 이런 점을 잊지 않는다면 자녀를 인간으로서 대우하기가 쉬워진다.

인간의 뇌는 경이로운 컴퓨터와도 같아서 상황을 종합하고 이해하기 위해 쉬지 않고 돌아간다. 뇌가 이해하지 못하는 내용은 접수되지 않는다. 뇌는 마치 컴퓨터처럼 알지 못하는 것은 받아들이지 못하며, 이미 가지고 있는 정보를 활용할 뿐이다.

내가 부모들을 대상으로 작업할 때 자주 사용하는 연습 활동을 한 가지 소개하고자 한다. 앞서와 같이 가족 중 세 명이 함께하길 권한다.

한 명이 아기처럼 요람에 눕는다. 아기는 아직 말을 하지 못하기에 옹알거리는 소리를 내거나 간단한 동작만 할 수 있다. 이때 다른 두 명은 몸을 굽혀 아기를 들여다보면서 아기가 전달하는 힌트를 해석해 요구를 들어준다.

5분 정도 진행하고 난 다음에는 역할을 바꿔 차례차례 아기가 되어본다. 모두 마치고 나면 자신이 아기 역할을 할 때 어떤 기분이 들었는지 서로 이야기한다.

이 간단한 방법을 통해 성인들은 아기의 입장을 경험해보고 아기가 이런 경험을 토대로 어떻게 타인에 대한 기대치를 형성하는지를 이해할 수 있다.

사람의 손길, 음성, 집 안의 냄새는 아기가 새로운 세상을 배우기 시작할 때 접하는 경험들이다. 부모가 아이를 어떻게 만지고 어떤 목소리로 말을 하느냐는 아이가 배우는 내용의 토대가 된다. 갓난아기는 주위 어른들의 모든 손길, 얼굴, 목소리, 냄새를 풀이해서 그 의미를 이해해야 하기에 아기의 세상은 아주 혼란스럽다.

아이들이 스스로 밥을 먹고, 걷고, 대소변을 가리고, 말을 할 수 있을 무렵이 되면 이미 세상에 대한 기대치가 꽤 명확해진 상태다. 나이로 치면 세 살 때쯤이다. 이 시기 아이들은 자신을 어떻게 대접해야 하는지, 타인을 어떻게 대해야 하는지, 타인에게서 무엇을 기대할 수 있는지, 주변 세상에 어떻게 대처해야 하는지 등을 배운다. 가족 청사진이 매우 중대한 의미를 갖게 되는 시기이기도 하다.

어떤 학습도 한 가지 차원으로 이뤄지지 않는다. 아기들은 다리를 써 걸음마를 배우면서, 동시에 주위 사람들이 자신을 어떻게 지각하고 자신에게 무엇을 기대하는지도 배운다. 또한 타인에게 무엇을 기대할 수 있는지, 그들을 어떻게 대해야 하는지도 터득한다. 아기들은 또한 자신이 탐색하는 세상 안에서 어떻게 행동해야 하는지도 깨친다. "안 돼! 만지지 마" 또는 "이것 좀 만져봐. 좋은 느낌이 나지?"와 같은 주변 반응을 접하면서 말이다.

생후 1년 동안 아이는 나머지 인생에 걸쳐 배우는 것보다 더 중요하고 새로운 것들을 배워야 한다. 그렇게 짧은 시간에, 그렇게 여러 측면에서, 그렇게 많은 것을 배워야 하는 상황은 우리 인생에 두 번 다시 없다.

이 모든 학습의 영향력은 대다수 부모가 인식하는 것보다 훨씬 강하다. 부모들이 이 사실을 이해한다면 자신들의 행동과 아이가 해결해야만 하는 엄청난 과제 사이의 연관성을 좀 더 명확히 이해할 수 있을 것이다. 훈육 방법에만 너무 많은 관심을 쏟느라 이해, 사랑, 유머, 그리고 아이 안에 잠재된 아름다움을 키워주는 데 충분한 노력을 기울이지 못하는 건 아닌지 되돌아봐야 한다.

가족 청사진을 실행할 때는 세 가지를 주의하자

청사진을 실행하기 어렵게 하는 이유는 크게 세 가지이며, 가족의 인식 범위를 벗어난 수면 아래 빙하에 숨어 있다.

첫 번째는 무지, 즉 반드시 알아야 할 것들을 모르기 때문이다. 나아가 자신이 모른다는 사실을 모르기 때문에 배울 필요성을 인식하지 못하는 것도 문제다. 부모가 자녀의 말에 마음을 열기만 한다면 오히려 아이들에게서 많은 도움을 받을 수 있다. 아이들의 힌트에 담겨 있는 정보에 주목하자.

두 번째는 효과적이지 않은 의사소통이다. 자신도 모르게 엉뚱한 메시지를 전달하거나, 메시지를 전달하지도 않으면서 전달하고 있다고 생각하는 경우다. 자녀들의 예상치 못한 반응에 주의를 기울이면 이 문제를 해결하는 데 도움을 받을 수 있다.

많은 부모는 별생각 없이 내뱉은 말을 자녀들이 의외의 방향으로 심각하게 받아들이는 상황에 깜짝 놀라곤 한다. 자녀에게 인종 차별에 대해 가르쳐주고자 했던 어느 백인 부부의 사례가 기억난다. 어느 날 집에 자녀의 친구들이 놀러 왔는데 그중에 흑인 꼬마가 한 명 있었다. 나중에 아버지가 아이에게 물었다. "너는 그 애의 꼬불꼬불한 머리카락이 마음에 들었니?" 그는 차이가 있다는 걸 알려주고 싶어서 이런 말을 건넨 것이었지만, 결과적으로 두 아이 사이에 거리감만 만들고 말았다. 부모들은 이와 비슷한 일이 벌어질 가능성을 염두에 두고 가끔 아이가 말을 어떤 뜻으로 받아들이는지 점검해봐야 한다.

세 번째는 자존감과 관련이 있다. 자신의 가치에 확신이 없다면 자녀에게 아무것도 확실하게 가르쳐줄 수 없다. 그리고 부모가 자기 문제를 제대로 해결하지 못하면 "아무래도 상관없어", "왜 나한테 묻니? 네가 알아서 판단해"라며 자녀를 방치하게 될 수 있다. 게다가 이런 말들은 자녀가 당신에게 부조리함이나 위선을 느끼게 하는 원인이 될 수 있다.

가족 청사진에 들어가는 주된 데이터는 자기 가족 또는 가까이 지내는 다른 가족들과의 경험에서 나온다. 당신이 부모라는 이름으로 부르거나 부모처럼 대우해줘야 한다고 느끼는 모든 사람이 어떤 식으로든 당신이 육아에 활용할 수 있는 경험을 제공해주었다. 이런 경험들은 도움이 됐을 수도 있고 아니었을 수도 있다. 하지만 모든 경험이 영향력을 발휘한 것만은 틀림이 없다.

가족 청사진에 무엇을 담아야 할까?

이 세상에 태어나는 모든 아이는 저마다 다른 환경과 분위기 속으로 들어오게 된다. 같은 부모에게 태어난 형제자매조차 마찬가지다. 아이가 태어날 때 벌어지고 있는 상황과 그 아이가 자라면서 보편적으로 접하는 환경적 영향은 가족 청사진에서 엄청나게 중요하다.

임신과 출산이라는 과정이 때로는 아이를 둘러싼 주변 분위기에 그림자를 드리우기도 한다. 좋지 않은 시기 또는 바람직하지 못한 환경에서 임신이 이뤄진 경우 부모는 그 사실에 대해 분노, 무력감, 좌절감을 느낄 수 있다. 이런 감정은 가족 청사진을 활용하는 방식에 영향을 끼친다. 또 장기간의 임신 과정에 걸쳐 입덧, 지속적인 불편감, 심각한 합병증 등을 겪는다면 아이를 마냥 기쁘게 기다리기는 어려울 것이다. 부모가 된다는 사실에 불필요한 두려움이 생겨나 아기를 정상적으로 대해주지 못한 경우, 아기는 상처를 받게 될 수도 있다.

어떤 아기들은 미숙아로 태어난다. 내적·지적 장애를 갖고 태어나는 아기들도 있다. 이런 일이 일어나면 사람들은 아이의 정상적인 부분보다 장애에 초점을 맞춰 아기를 대하기 쉬운데, 이 역시 청사진에 영향을 준다. 아이를 인간으로서가 아니라 장애인으로 대하면 당연히 아이가 세상과 상호작용하는 방식에 영향이 갈 수밖에 없다.

그 밖에 죽음, 질병, 실직 등 가족 중 누군가가 심각한 위기를 겪고 있을 때 태어난 아기는 관심을 덜 받을 수밖에 없을 것이다. 그러면 부모가 전혀 의도하지 않았음에도 방치 속에 자랄 수 있다.

출생에서부터 성인이 되기까지 거쳐야 할 학습 단계

자녀는 여러 가지 일이 진행되고 있는 부모의 삶 속에 들어오게 된다. 성인들이 아이의 출생 시기를 항상 조절할 수 있는 것은 아니므로, 그 시기는 부모 입장에서 가장 적절한 달이나 해일 수도 있고 그렇지 않을 수도 있다. 직접 통계를 내본 적은 없지만 최적의 시기에 태어난 사람들은 그리 많지 않다고 생각한다. 어쨌든 중요한 건 우리가 이 세상에 태어났다는 사실이다.

가정에 첫아이를 맞아들이는 건 매우 중대한 일이다. 부부의 기존 상황이 극적으로 달라지기 때문이다. 그 첫아이를 통해 두 성인은 부모가 된다는 게 어떤 의미인지 난생처음으로 깨닫게 된다. 어느 집이든 첫아이는 시험대 역할을 하고 이후 태어나는 동생들과는 다른 대우를 받는다. 여러 가지 면에서 첫아이는 이후 태어날 자녀들을 위해 집안 분위기를 만들어놓는 역할을 한다.

어떤 환경과 청사진에서든, 모든 인간에게는 출생에서부터 성인이 되기까지 거쳐야 할 일정한 학습 단계가 있다. 크게 네 가지 범주로 나뉘며, 가정생활에 적용하자면 다음과 같은 질문들로 바꾸어 표현할 수 있다.

- 아이 자신에 대해 무엇을 가르쳐줄 것인가?
- 다른 사람들에 대해 무엇을 가르쳐줄 것인가?
- 이 세상에 대해 무엇을 가르쳐줄 것인가?
- 생명과 근원에 대해 무엇을 가르쳐줄 것인가?

가르침의 과정에는 다음과 같은 요소들이 필요하다.

- 무엇을 가르칠 것인가에 대한 명확한 생각
- 자신이 어떤 본보기를 보여주고 있는가에 대한 각 부모의 자각
- 바람직한 본보기에 대해 부부의 합의를 끌어내기 위한 방법적 지식
- 그것을 실행에 옮기기 위한 의사소통 방법

이상적인 가정의 성인들은 각자의 고유성을 표출하고, 힘을 행사하며, 성 정체성을 거침없이 드러낸다. 그뿐만이 아니라 이해·다정함·

애정을 통해 다른 사람들과 마음을 나눌 수 있고, 일반 상식을 활용하며, 현실적이고 책임감 있는 태도를 보인다.

이 세상에 완벽한 부모는 없다! 중요한 건 좋은 부모가 되는 방향으로 끊임없이 나아가야 한다는 사실이다. 오히려 자신의 위치를 솔직하게 인정한다면 당신에 대한 자녀의 신뢰가 높아질 것이다. 자녀들은 부모에게 완벽함이 아닌 진실함을 기대하기 때문이다. 나는 완벽한 가족, 완벽한 자녀, 완벽한 인간을 만나본 적이 없다. 또한 그런 사람들을 만나길 기대하지도 않는다. 여기서 키워드는 고유성, 애정, 힘, 성 정체성, 공유, 지각, 영성, 현실성, 책임감 같은 것들이다.

부모로서의 기본 소양을 갖춘 사람에게는 정직함, 진심 어림, 창의성, 사랑, 관심, 활력, 능력, 건설적인 문제 해결 같은 보상이 뒤따를 것이다. 이 모든 것은 인간으로서 우리가 소중히 여기는 요소이기도 하다. 이런 요소들을 갖춘 사람은 자녀들에게 필요한 인생의 필수 정보들을 훨씬 수월하게 전달할 수 있다.

사람은 나이를 불문하고 모두가 어차피 '사람'일 뿐임을 인정하고 나면, 부모라는 역할이 그렇게 어렵게 느껴지진 않을 것이다. 어른들이 개인적인 경험을 통해 무언가를 배우듯, 아이들 역시 모든 걸 느끼며 자라난다. 아이들은 자신이 느끼는 희망, 두려움, 실수, 불완전함, 성공의 세계를 부모도 잘 알고 그 심정에 공감한다는 사실을 알 때 더욱 안정적으로 성장한다. 때때로 무력감, 두려움, 실망감을 느끼거나 실수를 저지르지 않는 성인이 어디 있는가.

그러나 많은 부모는 이런 감정을 표현하면 부모로서의 권위에 흠

집이 난다고 믿는다. 당신이 만약 이렇게 행동하고 있다면 자녀에게 당신의 모습은 위선적으로 비칠 것이다. 이런 태도를 갖고 있다면 부디 지금부터라도 달라지려고 노력하기 바란다. 아이들은 성자처럼 완벽한 모습의 부모보다 인간다운 모습의 부모를 훨씬 더 신뢰한다.

아이가 부모에 대한 불신의 감정을 키우기 시작하면 그 감정은 고립감, 의심, 성격적 불균형, 반발심의 문제로 확장될 수 있다. 어른들이 자신의 인간다운 모습을 인정하거나 표현하지 않고, 아이의 인간다운 모습도 인정해주지 않으면 아이는 크게 겁을 먹는다.

가족 청사진은 부모가 지각, 공유, 현실성이라는 능력을 갖추고 있음을 전제로 한다. 그 외에 고유성, 힘, 성 정체성에 대한 개념도 아주 중요하다. 지금부터 이 세 가지 개념을 깊이 살펴보고자 한다.

자녀 개개인의 고유성을 인정하자

일단, 고유성은 자존감의 핵심 단어다. 앞서 이야기했듯이, 부부는 동일성을 바탕으로 서로에게 끌리고 차이점을 토대로 성장한다. 동일성과 차이점, 두 가지 모두가 필요한 것이다. 내가 이야기하는 고유성이란 모든 사람의 내면에 존재하는 동일성과 차이점의 조합을 가리킨다.

당신은 자녀가 당신 또는 주변 사람들과 어떤 면으로든 다르다는 사실을 아주 일찍부터 발견하게 될 것이며, 이것은 자녀 역시 마찬가지일 것이다. 흔한 예를 하나 소개해보겠다. 내가 아는 어느 가정에는 두 아들이 있다. 형은 운동에 흥미가 있어서 운동을 하며 시간 보내는 걸 좋아하고, 한 살 어린 동생은 예술 방면에 더 관심이 있어서 미술관 같은 곳을 자주 간다. 형제는 피부색도 같고 지능도 비슷하지만 관심사가 다르다. 이것이 내가 이야기하는 차이점의 아주 기본적인 사례다. 이들 형제에게는 다행스럽게도 차이점을 존중해주고 아들들이 자기 방식대로 발전해나갈 수 있도록 도와주는 부모님이 있다.

각 자녀는 같은 부모에게서 나왔더라도 유전적으로 다르다. 아이가 세상에 가지고 나오는 도구 자체가 유전학적 관점에서 다른 아이들과 차이가 있는 것이다. 그러므로 자녀는 자신을 드러내고 성장해나가는 과정에서 부모에게 특별한 모험의 기회를 제공한다.

똑같은 이유에서 남편과 아내도 서로 다르다. 단지 결혼을 하고 자녀를 뒀다는 이유만으로 자신을 드러내는 걸 별안간 중단하지는 않는다. 자녀가 부모 두 사람의 차이를 이해하도록 돕는 것 역시 중요한 배움의 과정이다. 부모가 서로의 동일한 부분만을 보여주려고 노력한다면 아주 중요한 학습 기회를 놓치는 셈이다. 엄마는 아침에 늦잠 자기를 즐기고 아빠는 일찍 일어나는 걸 좋아하더라도, 그건 문제가 되지 않는다. 사람들이 반드시 같아야 하는 건 아니기 때문이다. 차이점은 인생을 조금 더 복잡하게 만들지만, 대부분 건설적인 방향으로 이용할 수 있다.

인생의 첫 출발부터 고유한 존재로 대우받을 기회를 얻지 못한 아기는 전인적인 인간으로 성장하기가 힘들어진다. 남들과의 조화를 위해 본인의 개성을 억누르는 인간으로 성장할 우려가 있고, 여러 가지 신체적·정서적·사회적·지적 장애를 겪으며 힘겨워하게 될 가능성이 크다. 전인적인 인간이 되는 방법을 새로 배우기 전까지, 그 아이는 불이익을 안고 인생을 살아가게 될 것이다.

그러면 당신은 자녀에게 차이점에 대해 어떻게 가르쳐야 할까? 부정적인 차이점과 긍정적인 차이점을 구분하는 방법을 어떻게 가르칠 것인가? 어떤 차이점들을 지지해야 하고 어떤 차이점들을 고쳐야 하는지 판단하는 방법을 어떻게 가르칠 것인가? 다르다는 이유로 남을 짓밟을 필요도, 같다는 이유로 무작정 추종할 필요도 없음을 어떻게 가르칠 것인가? 당신도 알다시피, 누구에게나 이런 성향은 있다.

생소함과 다름(이 둘은 차이점의 또 다른 표현 방식이다)은 두려움을 안겨줄 수도 있지만 그 안에 성장의 씨앗이 담겨 있다. 새롭거나 낯선 상황을 만날 때마다, 전에는 몰랐던 무언가를 배울 기회를 얻게 된다. 그런 상황들이 전부 유쾌할 것으로 기대하는 건 무리겠지만, 어쨌거나 뭔가를 배우게 되는 건 사실이다.

동일성을 제대로 인식하기 전까지 차이점에 성공적으로 대처하기란 불가능하다. 사람들의 동일성은 쉽게 눈에 띄지 않지만 기본적이고 본질적이며 예측 가능할 뿐만 아니라, 항상 명백히 드러나지는 않더라도 분명히 거기 존재한다. 모든 인간은 태어나서 죽을 때까지 평생 감정을 경험하며 살아간다. 모든 사람이 분노, 슬픔, 기쁨, 모욕감, 부끄러움, 두려움, 무력감, 절망, 사랑을 느낄 수 있다. 이것은 우리가 삶의 어떤 시점에서든 다른 사람들과 언제라도 관계를 맺을 수 있는 밑바탕이 된다.

모든 인간에게는 감정이 있다. 항상 겉으로 드러나지는 않더라도 감정은 거기 존재한다. 그리고 인간 내면에 감정이 있다는 믿음이 있기에, 우리의 행동은 겉으로 드러나는 모습만 보고 반응할 때와 달라질 수 있다. 모든 사람에게 감정이 있다는 절대적인 확신은 효과적인 부모가 되는 데 꼭 필요하다.

바로 이 때문에 고유성에 대한 인식을 키워야 하는 것이다. 인간은 다양한 측면에서 동일성을 가지고 있지만 내가 나인 이유는 바로 고유성이 있기 때문이다. 이를 인식하는 것이 자존감을 높이는 길이다.

자녀가 신체적 힘을 비롯해
다양한 힘을 개발하도록 돕자

이제 힘에 대해 이야기하고자 한다. 힘은 모든 인간에게 필수적이다. 능력 있는 사람이 되려면 타고난 힘을 최대한 개발해야 한다. 웹스터 사전에 따르면 힘은 '할 수 있다'라는 뜻을 가진 단어에서 유래했으며, '행동하는 능력, 효과를 내는 능력, 신체적 역량, 통제력, 권한, 타인에 대한 영향력을 보유한 상태'로 정의된다.

신체적 역량은 인간이 발달시키는 첫 번째 힘이다. 사람들은 갓 태어난 아기가 터뜨리는 울음소리를 폐가 제대로 호흡한다는 신호로 받아들이며 기뻐한다. 아기가 살아 있다는 의미이기 때문이다. 그 이후 몸을 뒤집고 앉고 걷고 물건을 잡고 대소변을 가리는 과정에서 나타나는 신체 협응력 역시 기쁘게 받아들인다. 아이가 기대대로 잘 자라고 있다는 뜻이기 때문이다. 쉽게 말해 아이는 몸의 근육을 제어하는 방법을 배우고 있는 것이며, 자유자재로 몸을 움직일 수 있는 상태에 이르면 학습이 종료된다.

여러 해 동안 나는 부모들이 무한한 인내심을 가지고 자녀에게 신체적 힘을 가르치는 한편, 새로운 노력이 성공할 때마다 즐거워하는 모습을 보아왔다. 나는 이것이 다른 영역들의 힘을 가르치는 데도 적합한 방법이라고 생각한다. 다시 말해, 인내심을 갖되 아이가 자신의 새로운 능력을 발견할 때마다 기쁨과 칭찬으로 대응해주라는 뜻이다. 개발되어야 할 다른 영역의 힘이란 감정적·사회적·지적·물리적·영적 힘을 이야기한다.

사람의 지적인 힘, 즉 사고력은 학습, 집중력, 문제 해결, 혁신에서 나타난다. 가르치기가 상대적으로 힘든 능력이긴 하지만, 이에 대해서도 부모는 아이가 첫걸음을 떼었을 때와 마찬가지로 기쁨을 표현할 수 있다. 밝은 얼굴로 "우리 아기, 참 똑똑하구나!"라고 칭찬해주면 된다.

사람의 감정적 힘은 모든 감정을 충분히 느끼고, 분명하게 표현하며, 그것을 건설적인 행동으로 자유롭게 전환할 수 있을 때 표출된다. 가르치는 과정에서 가장 두려운 마음이 드는 힘이므로, 부모가 자신의 노력에 대해 스스로 자부심을 갖고 가상히 여기는 자세가 꼭 필요하다.

자녀의 물리적 힘은 아이가 타인의 필요를 고려하는 가운데 개인적 필요에 맞게 환경을 활용하는 방식에서 나타난다. 안타깝게도 이 힘은 작업 능력에 국한되는 경우가 너무나도 많다. 놀이 시간을 비롯해서 매 순간 아이에게 물리적인 힘을 보여줄 기회들을 생각해보기 바란다.

사람은 타인과 관계를 맺고 그들과 함께 나누며 공동의 목표를 달성하기 위해 팀을 이루는 한편, 이끌고 따르는 능력을 통해 사회적 힘을 보여준다. 이것은 부모가 기쁨을 표현하고 자녀를 칭찬해줄 기회가 풍부한 영역이다.

영적인 힘은 생명에 대한 경외심에서 찾아볼 수 있다. 자기 자신의 생명은 물론 동물이나 자연 등 다른 모든 것의 생명을 포함하며, 많은 사람이 '신'이라고 일컫는, 생명을 관장하는 보편적인 힘에 대한 인정이다. 나는 모든 인간에게 영적인 측면, 영혼과 관련된 측면이 존재한다고 생각한다. 오늘날 세상은 인종 차별, 빈부 격차, 세대 간 갈등 등으로 어려움을 겪고 있다. 우리가 영적인 힘을 키우고 적극적으로 실천한다면 그런 어려움의 상당 부분이 해소될 것이다.

자유롭게, 열린 마음으로 인생을 만나려면 지금까지 이야기한 모든 영역에서 힘을 길러야 한다고 생각한다.

가정은 자녀의 성 정체성을 정립해주는 곳이어야 한다

이제 성 정체성이라는 기본 소양에 대해 이야기할 순서다. 가정은 자녀에게 남자다움과 여자다움을 가르친다. 가정에서는 가장 넓은 의미에서의 성과 보다 협소한 생식기적 의미에서의 성에 대한 학습이 이뤄진다. 세상에 태어난 아기들은 두 개의 성으로 명확히 구분 지을 수 있다. 하지만 그것이 그 아기가 앞으로 자신의 성에 대해 어떻게 느끼며 성장할 것인가를 비롯해 성과 관련한 다양한 문제에 대해 모든 것을 말해주지는 않는다. 남자와 여자는 다르다. 그런데 어디가 어떻게 다른 것일까? 이런 질문을 받은 부모가 자녀에게 어떤 대답을 해주느냐에 따라 많은 부분이 달라진다. 아이가 성 정체성을 수립하도록 돕기 위해 노력을 기울이는 것은 가족 청사진에서 아주 기초적이고 중요한 부분이다.

어머니와 아버지는 각자 하나의 성을 대표하고, 자녀는 부모에게서 자신이 따를 수 있는 성 모델을 보게 된다. 아이 한 명의 성 정체성을 발달시키려면 남자와 여자가 모두 필요하다는 사실을 알고 있는가? 모든 인간은 두 성의 특징을 모두 가지고 있다. 남자들도 여성적인 특징을, 여자들도 남성적인 특징을 잠재적으로 가지고 있다. 남자와 여자는 사실 신체적인 부분에서만 차이가 있다고 나는 확신한다. 그밖의 차이점들은 문화적으로 부여된 것이어서 문화에 따라 달라진다.

어떤 여자도 남자로 사는 것이 어떤 느낌인지 말할 수 없고, 어떤 남자도 여자로 사는 것이 어떤 느낌인지 말할 수 없다. 음경이 있고 음경을 사용한다는 게 어떤 느낌인지, 또는 얼굴 전체에 수염이 자라는 게 어떤 느낌인지 아는 여자는 한 명도 없다는 사실을 떠올린다면 쉽게 이해할 수 있을 것이다. 마찬가지로, 월경을 하고 임신 또는 출산을 하는 게 어떤 느낌인지 남자들은 절대 알지 못한다. 인생을 살면서 대부분 사람은 이성과 교제를 하게 되는데, 이는 중요한 정보 공유의 기회가 된다. 각자 상대방에게 남자 또는 여자로 산다는 것이 어떤지 가르쳐줄 필요가 있다.

또한 아버지는 어린 아들에게 남자로 산다는 게 어떤 의미이며 여자를 어떻게 바라보고 상호작용해야 하는지를 가르쳐주고, 어머니도 어린 딸에게 그렇게 해야 한다. 이런 가르침을 통해 아이는 남자다운 게 무엇인지, 여자다운 게 무엇인지, 남녀가 서로 어떤 관계를 맺고 살아가는지에 대한 시각을 키우게 된다. 만일 부모가 이 점을 이해하지 못하고 자신의 성 정체성을 소중히 여기지 않거나 두 성이 다르기는 해도 똑같이 가치 있음을 인식하지 않는다면 아이는 자라면서 혼란을 겪게 된다.

만일 부모가 신체적 차이점을 포함해 남녀의 차이점에 건전하게 대처하는 방법을 모른다면, 자녀는 남자로서 또는 여자로서 자신을 소중히 여기는 방법 또는 이성과 원만하게 지내거나 이성을 존중하는 방법을 제대로 이해할 수 없다. 양쪽 성의 성인들에게 배워야 하는데 그런 기회를 갖지 못하기 때문이다. 그래서 한 부모 가정 또는 동성 부모 가정에서는 훨씬 더 많은 노력이 필요하다. 중요한 건 아이가 완전함을 경험할 수 있도록 부모가 살아 있는 모델 역할을 해주어야 한다는 점이다.

너무나도 서글픈 사실은 많은 부모가 자기도 이런 완전함에 이르지 못했다는 것이다. 그러면 어떻게 그걸 자녀에게 가르칠 수 있을까? 다행스러운 건 인간은 나이를 불문하고 무언가를 배울 수 있다는 사실이다. 세상은 오랜 세월 동안 성기는 불결하고 부끄러운 것으로 여겨

왔으며, 이는 온전한 남자-여자 담론에 개방적인 태도로 대처하는 데 하나의 장애물이 됐다. 남자다움과 여자다움에 대해 이야기할 때 성기를 빼놓을 수는 없는 일 아닌가. 그나마 최근에는 이런 정보를 쉽게 접할 수 있게 돼 다행이라고 생각한다.

성적인 존재로서, 성장하는 아이는 부모가 서로를 대하는 방식과 그들이 남자와 여자의 성적인 문제들에 얼마나 개방적이고 솔직하게 대처할 수 있는가를 지켜보면서 가정 안에서 많은 것을 배운다. 여자인 당신이 남편을 존중하지 않고 그의 몸에서 기쁨과 즐거움을 찾지 않는다면 딸에게 남자의 진정한 가치를 어떻게 가르쳐줄 수 있겠는가? 남자의 경우도 마찬가지다. 성이라는 주제를 덮고 있는 장막을 치워야만 그 가정에서 자라는 아이들이 건전한 성 개념을 확립할 수 있다.

남자와 여자가 어떻게 하나가 되는지, 즉 별개의 자아를 하나로 합쳐 어떻게 성적·사회적·지적·정서적으로 새로운 연합체를 형성하는지에 대한 학습 또한 반드시 가정에서 이뤄져야 한다. 과거에는 가정에서 남녀의 역할을 결정짓는 고정관념이 팽배했다. 이에 따르면 여자는 부드럽고 순종적이고 상냥해야 하며, 강인하거나 공격적이어서는 안 된다. 그리고 남자는 강인하고 공격적이어야 하며, 순종적이고 상냥해서는 안 된다. 그러나 나는 상냥함과 강인함은 모든 사람에게 필요한 자질이라고 믿는다. 남자에게 상냥함이 없다면 어떻게 여자의 상냥함에 공감할 수 있겠는가? 여자가 강인함을 경험해본 적이 없다면 어떻게 남자의 강인함에 공감할 수 있겠는가? 이런 고정관념을 모델로 삼는다면 남자는 여자를 나약한 존재로, 여자는 남자를 잔인하고 짐승 같은 존재로 여기기 쉽다. 이런 바탕 위에서는 누구도 다른 사람들과 더불어 살아갈 수 없다.

남자는 통계적으로 여자들보다 빨리 사망하는데, 나는 그 이유가 남자들이 연약한 감정을 억지로 참는 데 있다고 생각한다. 연약한 감정은 존재의 본질인데도 남자는 절대로 울거나 상처를 드러내서는 안 된다고 교육받는다. 여기에 적응하기 위해 남자는 둔감해져야만 했다. 또한 화를 내지 말아야 한다는 규칙을 갖고 있는 사람이라면 어떤 상황에서도 공격적인 감정을 표출할 수가 없다. 이렇게 억눌린 감정이 암암리에 몸을 공격하기에 마침내 고혈압이나 심장마비 증세를 얻게 된다.

나는 상담 과정에서 연약한 감정에 주의를 기울이라고 요청하는데, 그럴 때 남자들에게 일어나는 변화는 정말로 놀라웠다. 그들 대다수가 그동안 자신의 폭력성이 스스로도 두려웠다고 털어놓았다. 그러나 연약한 감정을 존중하는 방법을 배우고 난 다음부터는 공격 욕구가 건설적인 에너지로 연결됐다.

마찬가지로, 만약 여자들에게 연약한 감정만 표현하도록 제한하면 여자들은 항상 누군가에게 짓밟힐 수도 있다는 위기감에 시달리게 된다. 그래서 늘 남자들을 보호자로 삼고 연약한 감정 이외의 감정들을 억누르는 희생을 치러야 한다. 여자들은 대체로 그런 안도감과 안전함을 유지하기 위해 머리를 쓰는 책략가로 변신한다.

인간이 연약한 감정들을 외면하면 로봇이 되고, 거친 감정들을 외면하면 기생 동물 또는 희생양이 된다. 그런 일이 없도록 가족 청사진에 성의 문제를 꼭 포함해야 한다.

꿈을 꿀 수 있는 가정으로 만들자

꿈과 그 꿈에 대한 우리의 태도 역시 청사진의 필수 요소다. 커서 무엇이 될지 그려보는 것은 자녀의 인생에서 중요한 부분이다. 꿈은 마치 등대처럼 우리를 성장과 성취로 이끈다.

꿈은 자기 자신에 대한 희망이다. 꿈이 사라지는 순간 모든 것에 관심을 두지 못하는 식물인간 상태가 시작된다. 마치 로봇처럼 기계적인 인간이 되고, 나이와 무관하게 일찍 늙어버린다. 서글프지만, 실제로 가정은 꿈을 포기하는 곳이 되기도 한다. 부부들과 함께 이야기를 나누다 보면 연애 시절 꽃피웠던 각자의 희망들이 가정을 이룬 후 완전히 스러져버린 사례가 너무나도 많다.

가족들은 각자의 꿈을 지킬 수 있도록 서로 격려하고 지지해줄 수 있다. 단지 이렇게 말하는 것으로도 충분하다.

"네 꿈을 말해봐. 나도 내 꿈을 말해볼게. 그럼 우리가 원하는 걸 이룰 수 있도록 서로 도울 수 있을 거야."

나는 가족들이 한자리에 앉아서 각자의 꿈에 대해 허심탄회하게 이야기해보라고 자주 권한다. 이것은 자녀들에게 아주 중요한 계기가 될 수도 있다. 이때 "네 꿈이 왜 현실적이지 못한지 이야기해줄게"라는 말보다는 "네 꿈을 실현하기 위해 우리 모두가 어떻게 노력할 수 있을까?"라는 말이 훨씬 도움이 된다. 그리고 실제로 정말 흥미로운 일이 벌어질 것이다.

어떻게 하면 아이가 언제까지나 호기심과 상상력을 잃지 않고 항상 새로운 의미를 찾도록 자극할 수 있을까? 또 이미 알려진 사물들의 새로운 용도를 찾고, 아직 알려지지 않은 것들을 탐색하게 할 수 있을까? 호기심과 상상력은 삶에 생기를 더해주는 요소들이다. 이 세상은 궁금해할 것들도 많고, 경이로움을 느낄 일도 많으며, 탐색하고 도전해볼 것들로 가득하다.

꿈은 현재에 존재하는 것이다. 나는 사람들에게 현재의 꿈을 되도록 많이 실현하면서 살라고 이야기한다. 남들의 도움이 필요할 때도 있지만 우선 자기 꿈이 무엇인지부터 알아야만 한다. 꿈이 얼마나 실현 가능한지 점검해보라. 작은 꿈을 실현하고 나면 더 큰 꿈을 이룰 수 있다는 믿음을 가질 수 있다. 가정은 그런 일이 일어날 수 있는 곳이다.

나는 평생에 걸쳐 흑백 TV에서 컬러 TV로의 변화, 덜컹거리는 수동식 포드 자동차에서 저절로 움직이는 거나 다름없는 현대식 자동차로의 변화, 5킬로미터 떨어진 작은 시골 학교까지 걸어 다니다가 비행기를 타고 몇 시간 안에 전 세계 어디로든 날아갈 수 있게 된 변화, 벽에 붙어 있는 전화기를 돌려 교환원을 통해 전화를 걸던 시대에서 누르자마자 즉시 전화가 연결되는 버튼식 전화로의 변화 등 수많은 기술 발전을 목격했다. 인간이 달에 다녀왔을 뿐 아니라 극소수 전문가들의 전유물이던 컴퓨터가 이제는 아이들의 학교 수업에서 일상적으로 활용한다.

그런 가운데 나는 세상에 대한 지식을 꾸준히 늘려가는 한편, 나를 감탄케 하고 열광케 하는 새로운 것들을 아직도 계속 발견하고 있다. 이 모든 발전은 적극적으로 꿈을 좇은 사람들 덕분에 이뤄졌다. 그러나 아쉽게도 세상의 발전 속도에 발맞춰 사람들을 정신적으로 이끌 수 있는 리더들은 많지 않다. 내 꿈은 가정을 사람들이 자존감을 키워가고 인간으로서 성장할 수 있는 곳으로 만드는 것이다. 나는 우리가 이런 꿈을 향해 달려가기를 멈추지 않는다면 머지않아 반드시 이루어지리라고 생각한다. 우리에게 필요한 건 기술과 핵에너지만 발전된 세상이 아니라 인간에게 살기 좋은 세상이다. 좋은 도구들은 이미 갖춰져 있다. 우리가 해야 할 일은 그것을 효과적으로 사용할 방법들을 찾아내는 것이다.

나는 가정이 있는 많은 성인이 자신의 꿈에 등을 돌려버린 모습을 접할 때마다 너무나 서글퍼진다. 그들은 무관심과 자포자기에 이르러 "그런다고 뭐가 달라지죠?" 또는 "사실 그건 중요하지 않아요"와 같은 말을 내뱉곤 한다.

그런가 하면 자녀의 발달에 관심을 가지다 보니 자녀의 꿈을 지원하게 되고, 접어뒀던 자신의 꿈을 되찾게 된 성인들도 있다. 절대 꿈을 포기하지 말기 바란다. 벌써 포기한 상태라면 과거에 소중히 간직했던 꿈에 다시 불을 지피거나 새로운 꿈을 품을 수 있을지 살펴보라. 그리고 식구들과 한자리에 앉아 대화를 나누고 꿈을 공유하고 도움을 요청하면서 그 꿈들을 실현할 방법을 찾아보기 바란다.

누구도 피할 수 없는, 죽음의 문제

마지막으로, 인생의 본질적인 부분이지만 간과되기 쉬운 청사진의 한 요소에 대해 이야기하려 한다. 다름 아닌 죽음이다. 이 세상에 태어난 어떤 사람도 죽음을 피하는 건 불가능하다!

죽음이라는 주제에 대해서는 솔직하고 공공연한 태도는 고사하고 이야기를 꺼낸다는 것 자체가 대부분 사람에게는 껄끄러운 일이다. 그러나 우리가 죽음을 자연스럽고 피할 수 없는, 인생의 본질적인 부분으로 보지 않는다면 인생은 아무런 의미가 없다. 죽음은 질병도 아니고, 나쁜 사람들에게만 일어나는 일도 아니며, 모든 인간에게 그저 자연스럽게 일어나는 일이다.

죽음에 대한 당신의 규칙은 무엇인가? 사랑하던 사람이 죽으면 누구나 상실감을 겪고 비통해한다. 슬픔은 우리가 사랑을 표현하는 중요한 방법이다. 당신은 어떻게 슬픔을 표시할지, 또는 얼마나 오래 슬퍼할지 규칙을 갖고 있는가?

죽음을 둘러싼 비밀들이 얼마나 많은지 인식하고 있는가? 자녀들이 죽음을 떠올리지 않도록 쉬쉬하는 부모들이 많다. 어떤 부모들은 자녀들이 친지의 장례식에도 참석하지 못하게 한다. 그러고는 "할머니가 하늘나라에 가셨단다" 같은 말로 죽음을 간단히 정리하고 두 번 다시 그 이야기를 꺼내지 않는다. 하지만 이런 대처는 문제를 더 복잡하게 만든다. 많은 성인이 자녀를 보호한다는 명목하에 이런 식으로 행동하지만, 사실상 그들은 자녀에게 해서는 안 될 짓을 하고 있는 것이다.

사랑하는 사람의 마지막 모습을 보지 못하고, 죽음을 슬퍼하면서 그걸 삶의 일부로 받아들일 기회를 얻지 못한 아이들은 정서적으로 심각한 장애를 겪을 수 있다. 나는 특히 어릴 때 부모를 잃고 부모의 죽음을 자기 삶에 제대로 받아들이지 못한 성인들의 이야기를 너무나 많이 알고 있다. 이 사람들은 그로 인해 심각한 정신적 외상을 겪었다.

나는 열 살 때 아버지를 잃은 한 청년을 알고 있다. 그가 아버지에 대해 뭔가 부정적인 경험을 언급할 때마다 어머니는 돌아가신 분을 나쁘게 말한다며 엄하게 꾸짖으셨다. 그래서 청년은 아버지에 대한 모든 기억을 지운 다음 친근함을 느낄 수도, 본보기로 삼을 수도 없는 성자 같은 아버지의 이미지를 키웠다. 결국 그는 인생을 헤쳐나가는 데 심각한 어려움을 느껴 나를 찾아왔다.

아이가 뭔가 나쁘거나 문제 있는 행동을 할 때마다 아버지가 하늘나라에서 항상 내려다보고 계시며 잘못에 대해 벌을 내리실 테니 조심하라고 이야기한 어머니의 사례도 있다. 딸아이는 이 말을 곧이곧대로 믿었고 얼마 후 망상 장애에 시달리게 됐다. 어디서도 프라이버시를 누릴 수 없고 항상 누군가에게 감시당한다고 믿는 사람의 심정이 얼마나 절망적일지 상상이 되는가?

죽음은 우리 모두에게 피할 수 없는 인생의 일부다. 나는 죽음을 받아들임으로써 인생이 현실적이고 보람 있는 경험이 될 수 있다고 생각한다. 죽음을 받아들이지 않으면 다른 것들을 죽음으로 오인하고 인생을 망칠 수도 있다. 예를 들어, 어떤 사람들은 비판에 대한 두려움이 너무 큰 나머지 무슨 수를 써서라도 비판을 피하려고 애쓴다. 비판을 죽음처럼 취급하는 것이다. 비판이 유쾌한 건 아니지만, 꼭 필요한 것이고 가끔은 유익할 때도 있다. 실수 또는 잘못에 대한 두려움 역시 죽음과 결부될 수 있다. 또 많은 사람이 매일 조금씩 죽어간다고 생각하면 너무나 두렵다고 이야기한다. 그런 사람들은 평생 죽음을 피하려고 기를 쓰다가 삶을 제대로 누릴 기회도 얻지 못한 채 진짜 죽음을 맞이할 수도 있다.

죽음은 죽음일 뿐이다. 일생에 단 한 번 일어나는 사건이다. 삶의 다른 어떤 것도 죽음과 같지 않다. 이렇게 구분해두면, 죽음을 제외한 모든 것이 삶이 된다. 이와 다른 식으로 죽음을 취급하는 것은 삶에 대한 모독이다.

가정 안에서 죽음에 대한 두려움은 안전의 문제로 직결된다. 어떻게 하면 아이에게 안전을 유지하면서 발전과 성장에 꼭 필요한 위험을 감수하는 방법을 가르칠 수 있을까? 자녀가 죽기를 바라는 부모는 없기 때문에 조심하라고 가르치는 건데 말이다.

물론 100퍼센트 안전한 건 아무것도 없다. 나는 두려움 때문에 아이들을 앞마당에서만 놀게 하는 부모들을 많이 만나봤다. 어린 자녀를 보호하고 싶어 하는 마음은 이해한다. 그러나 앞마당을 벗어나 뛰어놀았던 많은 사람이 지금까지 죽지 않고 잘 살고 있듯이, 조금은 긴장을 풀고 아이들에게 인생의 위험에 맞서 싸워볼 기회를 주어야 한다. 세 살짜리 아이를 시내에 혼자서 내보내라는 이야기가 아니라, 아이가 무엇을 하고 싶은지 살피고 거기에 따르는 위험을 과장하거나 축소하지 말고 현실적으로 바라보라는 뜻이다.

열두 살짜리 한 초등학생의 부모는 사고가 날까 봐 아들이 자전거를 타고 반경 5킬로미터를 벗어나지 못하게 했다. 그 소년은 자전거를 잘 탈 뿐만 아니라 조심성도 있었는데 말이다. 그는 부모님의 처사가 부당하다고 생각했다. 그래서 친구들과 함께 몰래 자전거를 타고 돌아다니면서 부모님에게는 거짓말을 했다. 그 소년이 자전거를 타고 싶어 하는 건 독립성과 자신감을 키우고 싶다는 욕구와 관련되어 있다. 그러나 그 욕구를 충족하기 위해 그는 정직함을 포기해야 했고, 들켰을 때 처벌받을 각오까지 해야만 했다.

실제로 자녀들을 보호해야 할 때는 언제이고, 조용히 지켜봐야 할 때는 언제일까? 자녀가 새로운 위험을 받아들일 준비가 됐는지 판단하는 일은 쉽지 않지만 부모로서 우리는 그에 대한 판단을 내려야만 한다.

가정을 어떻게 경영해야 할까?

12장

　　모든 것이 그렇듯, 가정에서도 저절로 이뤄지는 일은 없다. 그렇기에 기업을 이끌어가듯 가정도 경영을 해야 한다. 가정 경영이라고 해서 여타 경영과 다를 건 없다. 기업과 마찬가지로 가정에서의 업무 완수를 위해서는 시간, 공간, 장비, 에너지, 사람에 대한 관리가 필요하다. 경영을 시작하려면 먼저 가지고 있는 자원을 파악하고, 그것을 필요한 자원과 견주어본 다음, 원하는 결과를 얻을 최선의 방법을 생각해내야 한다. 가진 자원을 조사하는 동안 무엇이 부족한지 알게 될 테니, 이를 채울 방법도 찾아내야 한다. 내가 말하는 가정 경영이란 바로 이런 프로세스를 의미한다.

어린 자녀에게도 제 몫을 충분히 해낼 기회를 주자

내 사무실을 찾는 가족들에게 자주 듣는 불평 중 하나는 해야 할 집안일도 너무 많고 요구사항도 많은데 도무지 시간이 나지 않는다는 것이다. 이런 부담감을 해소하려면 좀 더 효율적인 방법을 강구해야 한다.

각 가족 구성원이 보탤 수 있는 구체적인 자원이 무엇인지 주기적으로 점검하는 데서 시작해보자. 사람은 나이가 들수록 더 많은 것을 배우면서 계속해서 자원을 늘려나가게 되니, 활용할 수 있는 자원이 점점 늘어날 것이다. 이런 현황 조사를 자주 실시하여 가족의 상태에 관한 정보를 최신으로 유지하는 것이 비결이다. "우리가 이제 무엇을 할 수 있게 됐지?"와 같은 질문을 서로 던지는 습관을 들여보라. 수평형 의사소통 방법으로 이 질문을 던진다면 대개는 실질적인 답변을 얻게 될 것이다. 대부분 사람은 이래라저래라 명령받는 걸 싫어할 뿐, 다른 사람에게 도움이 되고 싶어 한다.

대개 성인들은 자녀가 커다란 도움이 될 수 있다는 사실을 잊곤 한다. 모두가 참여할수록 가정 안에서 각자가 주인의식을 느끼게 되므로 한두 사람에게 지나친 부담이 주어지는 일을 막을 수 있다. 일곱 살이라면 자기 방을 청소하는 일 정도는 할 수 있다. 다섯 살이라면 너무 어려서 그러기에는 무리일지 몰라도, 식탁에 수저 놓기 정도는 할 수 있다. 어떤 가정은 "여자들은 너무 약해서 ~는 할 수 없어", "남자는 ~ 하는 게 아니야"와 같은 말로 도움의 범위를 제한해놓는다. 이런 식으로 가족 구성원, 특히 어린 자녀의 많은 능력이 낭비된다. 아이들은 '~

는 할 수 없다'라는 말을 자주 듣기에 자신의 능력을 발견하거나 활용하지 못하고 넘어간다. 이 때문에 손이 가는 집안일은 더 늘어날 뿐만 아니라, 자녀들도 꼭 필요한 기량을 배울 기회를 놓치게 된다. 하지만 적어도 집안일에서는 성별 때문에 제약이 따르는 일은 그렇게 많지 않다.

좀 더 어린 나이 때부터 집안일에 적극적으로 참여하도록 자녀들을 격려한다면 이리 뛰고 저리 뛰느라 정신없는 부모들이 훨씬 적어질 것이다. 인간으로서 가장 보람 있는 경험 중 하나는 생산적인 활동을 하는 순간이다. 아이에게 능력을 발휘할 기회를 주지 않는다면 아이가 얼마나 생산적인지 또는 생산적일 수 있는지 영영 알지 못할 것이다.

네 살짜리 아들의 재빠른 몸놀림을 어떻게 이용할 수 있을까? 공구 창고에서 작업하는 동안 심부름을 맡길 수도 있을 것이다. 일곱 살짜리 딸아이의 뛰어난 덧셈 실력을 어떻게 이용할 수 있을까? 아이에게 가계부 정리를 도와달라고 제안해보면 어떨까? 이 밖에도 아이들이 정말 큰 도움이 될 여러 가지 일을 생각해낼 수 있다.

사람들은 다양한 환경에서 살아간다. 어떤 가족은 큰 집에서 살고 어떤 가족은 작은 집에서 살며, 장비가 많은 집도 있고 아주 적은 집도 있다. 소득 수준에서도 차이가 나고 식구 수도 다양하다. 비슷한 크기의 집, 똑같은 식구 수, 비슷한 소득 수준의 가정에 집안일을 도와주는 비슷한 가전제품을 갖췄다고 하더라도 어떤 사람들은 필요가 충족됐다고 느끼는 반면 어떤 사람들은 그렇지 못하다고 느낄 것이다. 그리고 특정 시점에 자원을 활용하는 모습도 그 자원에 대해 무엇을 알고 있고 가족들에 대해 어떤 감정을 가지고 있느냐에 따라 달라진다. 즉 가정 경영의 성과는 개인의 자존감, 가족의 규칙, 의사소통 방식, 가족 시스템에 좌우된다.

집안일을 자존감을 높일 계기로 활용하자

우선 집안일을 살펴보자. 흔히 허드렛일이라고 하는 데서 알 수 있 듯이, 꼭 필요하긴 하지만 중요한 일은 아닌 것으로 치부된다. 그러나 집안일은 가정이라는 조직에서 주된 부분을 차지하기에 그만큼 중요 하다. 집안일을 하는 사람들에게 특별한 관심을 기울일 필요가 있다.

대부분 가정에서 집안일은 몇 가지 형태로 책임이 할당된다. 첫째 는 이른바 명령하는 방식이다. 부모가 리더로서의 권한을 발휘해 해야 할 일을 그냥 명령한다("이건 큰애가 하고, 저건 둘째가 해!"). 나는 되도록 이 방법을 사용하지 말라고 조언한다. 이 방법을 꼭 사용해야 할 때가 있더라도 부모가 협조하는 자세를 보여주는 게 좋다. 안 그러면 자녀 는 반발심을 키우게 된다.

때로는 민주적인 방법으로 다수의 결정을 따르는 투표 방식을 사 용하는 게 적절할 수도 있다("이 일을 할 사람을 정해볼까?"). 어쨌든 우리 에게 가장 익숙한 건 '되는 대로 방식'이다. 즉 누구든 그 시점에 여력 이 되는 사람이 그 일을 맡는 것이다.

중요한 건 특정 시점, 특정 상황에 가장 적합한 방법을 선택하는 것이다. 가족 모두가 자기 소임을 다할 것으로 기대하라. 책임감을 습득하는 훌륭한 훈련 기회가 될 것이다. 여기서 경계해야 할 단어는 '항상'이다. 항상 명령만 하거나 모든 일에 투표를 하는 가족들을 자주 봐서하는 얘기다. 가정 경영에 '항상'이 도사리고 있으면 누군가는 분명 숨이 막힐 것이고, 공공연한 반발이 일어날 것이다.

때에 따라 부모가 자녀에게 "넌 무엇을 하고 싶니?"라고 묻는 요령도 필요하다. 또 가끔은 "이건 네가 스스로 생각해봐야 할 것 같구나"라고 말할 수 있는 상황 통찰력도 필요하다.

나는 부모가 아무것도 결정하지 않고 늘 아이들이 선택하게 하는 가족들도 많이 봤다. 그런가 하면 어떤 가정에는 리더십이란 게 전혀 없다. 온 가족이 모여 거실의 커튼을 녹색으로 할 것인지 자주색으로 할 것인지 같은 시시콜콜한 문제를 몇 시간 동안 토론하는 식이다. 또 어떤 가정은 오로지 부모의 명령에 의해서만 움직인다. 이 가운데 어떤 방법도 정답은 없다. 언제 무엇을 해야 할지 그때그때 판단력을 발휘해야만 한다.

일거리 배정을 다양화하면 '허드렛일'이라는 인식을 누그러뜨릴 수 있다. 성인들은 아이의 수준에 맞는 결과물을 받아들이고 완벽함을 기대하지 말아야 한다. "아유, 일을 엉망으로 해놨네"라는 말을 들은 아이는 자존감에 상처를 입기 쉽다.

또 하나의 함정은 한번 세워진 규칙은 영원히 지켜야 한다고 생각하는 태도다. 예를 들어 자녀는 무슨 일이 있어도, 아이가 네 살이든 열네 살이든, 8시 30분이면 무조건 잠자리에 들어야 한다는 규칙이 그렇다. 열네 살짜리 아이는 분명히 반발할 것이고, 반발하지 않고 순순히 받아들인다면 그 또한 문제다.

'한 가지 옳은 방법'을 찾아 영원히 고수하고 싶은 유혹이 강하다는 건 나도 안다. 그러나 정말 잘 짜인 계획이라면 구체적인 종료 시점도 명기되어 있어야 한다. 오늘 3시 30분까지, 1주일 뒤, 1년 뒤, 어머니가 돌아오실 때까지, 아이가 7센티미터 더 클 때까지 등으로 말이다.

가정이 형성된 지 얼마 되지 않고 자녀가 아직 어려서 걷지 못하는 상황이라면 어른이 아이를 데리고 다니게 된다. 그러다가 아이가 혼자서 제대로 걸을 수 있게 되면 부모는 자녀를 격려해주어야 한다. 지혜로운 부모는 자녀의 성장 증거 하나하나를 효과적으로 이용한다. 그럴 때 아이는 여러 일을 혼자 할 수 있게 되고, 서서히 집안일까지 거들 수 있게 된다. 부모는 성장 증거를 관찰할 때 인내심을 발휘할 필요가 있다. 아이가 걸음마를 떼고 얼마 안 됐을 때는 부모가 원하는 만큼 빨리 걷지 못한다. 부모는 아이가 스스로 걷게 내버려 두는 대신 아기 때처럼 아이를 안고서 성큼성큼 걷고 싶은 유혹을 받을 수도 있다. 하지만 그러지 말기를 간곡히 조언한다.

요즘에는 세탁기를 쓰기 때문에 네 살짜리 아이도 빨래를 할 수 있다. 창조적인 가족은 집안의 모든 손과 발, 머리를 활용할 수 있을 때 즉시 활용함으로써 본인은 물론 가족 전체에 도움이 되게 한다.

한편, 어른들이 온갖 귀찮은 일은 아이들에게 떠밀고 자신들은 폼 나는 일만 하기로 모의한 게 아닌가 싶다고 내게 이야기하는 자녀들도 있었다. 여기에는 뭔가 이유가 있을 것이다. 만일 당신의 가정에서 이런 일이 일어나고 있다면 지금부터라도 달라지기 바란다. 귀찮은 일을 해야 하는 사람이 누구든, 그 일을 신나게 할 수 있는 창의적이고 유머러스하고 간단한 방법을 찾아보자. 신나게는 아니더라도 최소한 성취감을 느낄 수는 있게 말이다. 다만, 따분한 일을 맡은 당사자에게 그 일을 하는 동안 억지로 행복한 표정을 지으라고 강요해서는 안 된다.

유연성을 발휘하고 변화를 두려워하지 말라고 다시 한번 당부하고 싶다. 가정 경영은 각 가족 구성원에게 자신이 가치 있다는 느낌을 부여해주기 위한 기나긴 여정이다. 각자가 집안에서 현재 진행되는 일에 기여한다는 느낌을 받을 필요가 있다. 이런 일을 함께한 아이는 자신이 중요한 사람이라고 느낀다.

혼자 있는 시간도, 함께하는 시간도 모두 중요하다

가정 경영에서 시간의 문제를 살펴보자. 모든 사람에게는 하루 24시간이 주어진다. 우리는 직장에 가거나 학교에 가거나 그 밖에 여러 가지 활동을 하며 하루를 보낸다. 당신의 가정에서는 가족이 함께하는 시간을 얼마나 많이 갖는가? 그 가운데 집안일을 하는 데 쓰는 시간은 얼마나 되는가?

집안일에 너무 많은 시간을 할애하느라 정작 함께 즐기는 시간은 얼마 되지 않는 가족이 많다. 이런 상황이라면 가족 구성원은 가정을 부담스러운 곳으로 느끼기 쉽다. 그러면 가정 경영이 순조롭게 이뤄지지 않는다. 어떤 일을 왜 하는지 냉철하게 살펴보면 늘 해왔기 때문에 하는 것임을 알게 될 때도 있다. 만약 그런 일이라면 분별력을 발휘해 즉시 중단하거나 줄이기 바란다. 다시 말하면 가족의 시간에서 우선순위를 다시 생각해보라는 얘기다. 집안일 때문에 가족이 함께할 시간이 없다면 가족 간 애정이 어떻게 자랄 수 있겠는가.

가장 기본적으로 필요한 것부터 시작하는 방법을 권장한다. 생사를 갈라놓는 일, 즉 생존을 위해 꼭 필요한 일들을 먼저 해결하라. 그런 다음 덜 시급한 일들은 시간이 날 때 처리하라. 물론 우선순위를 자유롭게 변경할 수 있어야 한다. 일단은 처리해야 할 일을 '지금'과 '나중'의 두 가지 범주로 구분하기 바란다. '지금'이라는 범주가 가장 높은 우선순위를 갖는다. 이 범주에 속하는 일이 몇 가지나 되는가? 다섯 가지 이상이면 너무 많은 것이다. 무엇이 어느 범주에 속하는지는 매일 달라질 수 있다. 두 번째 범주인 '나중'은 상황이 허락하는 만큼 채워 넣으면 된다.

이제 나머지 가족 시간을 어떻게 보내고 있는지 돌아보자. 가족들과 접촉하는 시간 중 상당 부분이 불쾌함으로 얼룩져 있다면 문제가 있는 것이다. 내 경험상 가족 구성원이 함께 즐기면서 보내는 시간이 매우 적기 때문에 서로를 부담스럽고 무신경한 존재로 바라보는 가정이 많았다.

모든 사람은 혼자만의 시간을 가져야 한다. 나를 찾아와 혼자 있는 시간이 절실하다고 토로하는 사람이 얼마나 많았는지 알면 당신도 놀랄 것이다. 그런데 어머니들은 혼자만의 시간을 갖고 싶어 한다는 사실에 죄책감을 느낀다. 가족한테서 뭔가를 빼앗는다고 생각되기 때문이다.

가족의 시간은 세 부분으로 나누어져야 한다.

- 각자 혼자 있을 수 있는 시간(자기 시간)
- 각자가 다른 사람과 함께하는 시간(짝 시간)
- 모두가 함께하는 시간(그룹 시간)

모든 가족 구성원이 이 세 종류의 시간을 매일 가질 수 있다면 완벽할 것이다. 그러기 위해서는 우선 그게 바람직하다는 인식이 있어야 하고, 그런 다음에는 실천 방법을 찾아야 한다. 외적인 압박이 있기 때문에 세 종류의 시간을 날마다 마련하기란 쉽지 않겠지만, 노력하면 조금씩 나아질 것이다.

그 밖에 저마다의 특수한 요인들이 가족의 시간을 활용하는 데 영향을 끼치기도 한다. 어떤 사람들은 직업 특성상 남과 다른 시간 주기를 보내기도 한다. 소방관이나 경찰관이 그 예다. 어떤 소방관들은 24시간 근무와 24시간 비번을 반복한다. 경찰관 역시 교대 근무가 많다. 특수한 시간대에 일하는 사람들은 가족이 함께하는 계획과 집안의 일 처리 과정에 참여할 수 있도록 새로운 방법을 고안해야 한다.

또 한 가지 고려해야 할 요인은 가족의 규모다. 대가족일수록 가정 경영은 더 복잡해지며 시간 관리를 더 세심하게 해야 한다. 나는 가족들이 이 특수한 가정 경영의 일면을 쉽게 이해할 수 있도록 '시간/위치

기록지'라는 걸 만들어봤다. '주중에 하루, 주말에 하루'를 택해 이틀 동안 각자 몇 시에 어디에 있었는가를 기록하는 것이다.

먼저 가족 중 가장 먼저 일어나는 사람의 기상 시각부터 시작해서 가장 늦게 잠자리에 드는 사람의 취침 시각까지 하루를 시간대별로 나눈 종이를 한 장씩 준비한다. 첫 번째 사람이 오전 5시에 일어나고 마지막 사람이 자정에 잠자리에 드는 가족이라면 다음과 같은 모습의 기록지가 완성될 것이다.

5:00 AM	12:00 PM	7:00 PM
6:00 AM	1:00 PM	8:00 PM
7:00 AM	2:00 PM	9:00 PM
8:00 AM	3:00 PM	10:00 PM
9:00 AM	4:00 PM	11:00 PM
10:00 AM	5:00 PM	12:00 AM
11:00 AM	6:00 PM	

가족들에게 각 시간대마다 자신이 어디에 있었는지 위치를 기록하게 한다. 그런 다음 모든 기록을 하나로 합쳐 각 가족 구성원이 자기 시간, 짝 시간, 그룹 시간별로 어떻게 하루를 보냈는지 확연히 드러나도록 정리한다.

한 어머니는 이 기록지를 작성해본 후 "어머나, 내가 외롭다고 느끼는 게 당연하군요! 온종일 고양이 빼고는 아무도 보질 못했어요!"라고 말하기도 했다. 사실 내가 만나본 가족들 중에 모두 한데 모이는 그룹 시간이 하루 20분을 넘기는 경우는 매우 드물었다. 1주일을 통틀어야 20분에서 1시간 정도였다. 이는 식사를 하는 20분 동안이 가족이 함께 하는 시간 전부라는 뜻이다.

소문에 기대지 말고, 직접 만나고 직접 체험하자

모든 구성원이 참석하지 않은 상태에서 가족의 일을 결정한다면 오해가 생길 가능성이 커진다. 그럴 때 가족 중 한 명이 책임지고 자리에 불참한 식구에게 진행되고 있는 내용을 명확하게 전달하면 문제를 줄일 수 있다. 이를테면 "어젯밤 네가 아르바이트하러 갔을 때 엄마가 다음 주부터 풀타임으로 일하신다고 말씀하셨어. 이런 변화가 너에게 어떤 영향을 끼칠지 생각해보라고 이 이야기를 전해주는 거야"라고 말할 수 있다.

모든 가족 구성원에게 집안에서 돌아가는 모든 일을 알리는 게 얼마나 중요한지 일단 인식했다면, 자리에 없는 사람이 누구인지 확인하고 부재중인 사람에게 정보를 전달할 방법을 생각해보자. 소식통을 한 명 임명해도 좋고 간단한 메모를 남기는 방법도 있다. 이런 방법은 불참자가 나중에 "어, 나는 전혀 몰랐는데?"라고 반응하거나 자기만 쏙 빼놓고 일을 진행했다는 고립감을 느끼지 않게 해준다.

정보 전달은 누군가를 직접 그 자리에 참석시키는 방법의 대안일 뿐이다. 하지만 그래도 도움은 된다. 식구들 사이의 신뢰가 심하게 틀어진 상태라면 적어도 새로운 신뢰가 구축되기 전까지 모든 구성원이 참석한 상태에서만 가족의 일을 논의하는 게 바람직하다.

모든 구성원이 참석하지 않은 상태에서 가족의 일을 논의하는 게 습관이 됐고 짝 시간을 거의 갖지 않는 가족이라면, 일부 가족 구성원은 주로 제삼자를 통해서 소식을 접하게 된다. 그러다 보면 오해가 생길 여지가 있는데, 문제는 전해 들은 사람은 그걸 모른다는 것이다.

예를 들자면 남편이 부인을 통해 또는 부인이 남편을 통해 자녀에 대한 소식을 전해 듣는 경우가 있고, 한 자녀가 다른 자녀의 일을 부모에게 전할 수도 있다. 가족들 사이에서는 다른 식구들을 실제로 겪어 봤느냐 아니냐와 상관없이 모두 서로 안다고 생각한다. 아버지와의 실제 경험을 통해 아버지를 아는 자녀가 몇이나 될까? 대개는 어머니의 시선을 통해 아버지를 알게 되지 않는가? 이건 정말로 위험한 일이다. 마치 귓속말 잇기 게임을 하는 것과 마찬가지 상황이다. 사람들이 빙 둘러앉아 한 사람이 옆 사람 귀에 어떤 말을 속삭이고, 그가 다시 그 옆 사람에게 들은 말을 전달하는 게임 있지 않은가. 마지막 사람이 전해 들은 말을 공개하면 원래의 메시지와는 완전히 다른 내용일 때가 많다.

이런 식의 소문에 의한 의사소통이 가족들 사이에서 종종 일어난다. 식구들이 가족의 일을 공유할 그룹 시간을 갖지 못할 때 이런 일이 일어날 가능성이 커지며, 그러면 문제 가정으로 발전하기 쉽다. 직접 만나서 듣고 사실을 확인하는 것보다 좋은 방법은 없다.

물론 그룹 시간을 갖는다고 해서 가족의 일이 효과적으로 처리된다는 보장은 없다. 그래도 이 시간을 계기로 식구들의 새로운 면모를 접하는 한편, 요즘 어떻게 생활하고 있는지 알게 됐다면 충분하다. 그리고 각자의 기쁨과 혼란스러움, 실패, 고통, 상처를 표현하고 또 귀 기울여 들어주는 시간이 됐다면 더욱 훌륭하다.

가족은 하나의 그룹으로서 날마다 해체와 재결합의 프로세스를 거친다. 서로 헤어졌다가 다시 모이기를 반복한다는 이야기다. 떨어져 있는 동안에도 인생은 계속 흘러간다. 일과를 마치고 다시 모인 자리는 바깥세상에서 있었던 일을 공유하고 서로의 근황을 갱신하는 기회가 된다.

가족들은 함께 산다고 생각하지만 사실 그건 착각에 가깝다. 어떤 가족들은 함께 살지만 같이 살지 않는다. 소문에 의한 의사소통과 반쪽짜리 접촉이 가족의 실제 상황을 왜곡하는 가정에서는 가족 구성원들이 크든 작든 고통을 겪으며 살아간다. 당신의 가족은 어떤 상태인지 알고 싶다면, 앞서 소개한 시간/위치 기록지를 작성해보기 바란다. 그러면 가족의 현실을 명확히 이해할 수 있을 것이다. 현실을 파악했다면, 좀 더 나은 상황으로 만들어가기 위해 방법을 찾고 계획을 세울 수 있다.

나만의 것을 소유하는 경험은 매우 중요하다

모든 가족 구성원은 누구의 방해도 받지 않는, 자신만의 프라이버시를 위한 공간을 가져야 한다. 크든 작든 크기는 중요치 않으며 자신만의 공간이면 된다. 당신이 내 공간을 존중해주고 가치를 알아준다면, 나도 당신에게 그렇게 할 것이다. 남들에게 인정받는 나만의 장소가 있다는 사실은 내가 가치 있는 사람임을 말해준다.

형이 자신의 물건을 가져가거나 개인적인 공간을 침입했다며 울부짖는 동생들이 얼마나 많은가. 또는 물건을 썼으면 제발 좀 제자리에 가져다 두라고 잔소리하는 부모들이 얼마나 많은가. 내 물건을 내가 관리할 수 있고 다른 사람들이 그걸 언제, 어떻게 사용할 것인가를 내가 결정할 수 있다는 사실 자체가 굉장히 중요하다. 내가 가치 있는 사람이라는 위안을 주기 때문이다.

분명하고 확실한 소유의 경험은 나눔으로 이어진다. 자존감이 높기에 다른 사람들에게도 베풀고 싶어지는 것이다. 특히 아이들에게 이런 감정이 무척 중요하다. '이건 내 것이니까 내가 하고 싶은 대로 할 수 있다'라는 개념을 명확하게 심어주어야 한다. 예를 들어 자녀가 여럿인데 장난감을 하나 사주고는 모두 같이 가지고 놀라고 하는 부모들도 있다. 부모로서는 대수롭지 않은 일이겠지만, 아이들에겐 심각한 일이다. 서로 가지고 놀겠다고 싸움이 일어날 수도 있는 데다, 소유의 경험을 온전히 쌓지 못해 자존감을 발달시킬 기회를 놓친다.

내가 생각하는 나눔이란 한 사람이 자신의 소유물, 시간, 생각, 공간 속으로 누군가를 받아들이겠다고 결정하는 행위를 뜻한다. 이것은 완전히 이해하기까지 오랜 시간이 걸리는 가르침 중 하나다. 사람들은 신뢰를 느껴야만 나눌 수 있다. 부모들은 소유의 경험도 미처 쌓지 못한 자녀들에게 뭔가를 공유하라고 강요하고는, 나쁜 결과가 나타나면 꾸짖곤 한다. 이런 가족치고 부모들 자신이 성공적인 나눔의 방법을 제대로 배운 경우는 거의 없다.

지금쯤이면 당신은 가정이 제대로 굴러가기 위해 필요한 일들을 목록으로 적어볼 수 있게 됐을 것이다. 그리고 우선순위 문제도 진지하게 생각하고 있을 것이다. 가정 경영의 목표는 가족의 삶을 더 윤택하게 하는 것이다. 만약 가정 경영이 오히려 가족들에게 고통을 안긴다면 경영 방향을 재점검해야 한다.

4부

관계 맺기,
유연하고
조화롭게

인생은 정원 가꾸기에 비유할 수 있다.
우리는 땅에 심어지고, 싹을 틔우고, 줄기를 뻗고, 꽃을 피우고,
열매를 맺으면서 계속해서 새로운 형태로 변화해간다.

출생부터 사망까지,
어떤 인생을 살 것인가

인생은 정원 가꾸기에 비유할 수 있다. 우리는 땅에 심어지고, 싹을 틔우고, 줄기를 뻗고, 꽃을 피우고, 열매를 맺으면서 계속해서 새로운 형태로 변화해간다. 대부분 사람에게 이 모든 일은 대략 70~80년에 걸쳐 일어난다.

생애 단계마다 학습해야 할 역량이 따로 있다

나는 인생을 단순화해 세 개의 파트와 다섯 개의 단계로 나눠봤다. 1~3단계가 '파트 1'이고, 4단계가 '파트 2', 5단계가 '파트 3'이다.

파트 1			파트 2	파트 3
1단계	2단계	3단계	4단계	5단계
9개월	10~14년	7~11년	44~47년	7~25년
임신에서 출산까지	출생에서 사춘기까지	사춘기에서 성인기까지	성인기에서 장년기까지	장년기에서 사망까지

단계마다 특정한 성장 과업, 책임, 그리고 그와 관련된 특권이 있다. 예를 들어 법적인 성년이 되는 날, 의존과 책임의 관계에 변화가 찾아온다. 합법적인 어른으로서 자신이 하는 모든 일에 책임을 져야 하는 것이다. 또한 그 형태도 각기 다르다. 예를 들어 같은 생명 에너지를 가졌지만 형태가 서로 다른 애벌레와 나비를 생각하면 된다.

각 파트는 다음 파트를 위한 토대이자 연결고리다. 어떤 파트가 채 완성되기 전에 끝이 나면(예: 아직 아이 같은 느낌으로 성인기에 들어서는 경우) 나머지 단계는 조화가 깨진 상태로 펼쳐지게 되며 성장 주기가 삐뚤어져 버린다.

좀 더 충만한 인간이 되기 위해 보편적으로 필요한 학습 내용이 있다. 이런 학습은 첫 단계인 유아기에서부터 시작해 인생의 모든 단계와 파트에서 어떤 형태로든 이뤄져야 한다. 개인의 필수 역량을 구성하는 학습 목록은 다음과 같다.

- 구별: 나와 다른 사람을 구별하는 것
- 관계: 자기 자신 및 타인과 관계를 형성하는 방법을 아는 것

- 자율성: 누구와도 분리되어 있고 뚜렷이 구분되는 나 자신을 믿고 의지하는 것
- 자존감: 나 자신의 가치를 느끼는 것
- 힘: 나의 에너지를 사용해 행동하고 이끄는 것
- 생산성: 나의 능력을 보여주는 것
- 사랑: 열정을 가지고 타인을 받아들이며 애정을 주고받는 것

각 단계의 발전 정도에 따라 어떤 형태의 보편적인 학습이 이뤄져야 할 것인지가 결정된다. 예를 들어, 개인적 역량을 키우겠다고 어린 아이에게 자동차 운전을 가르치는 사람은 없을 것이다. 오히려 아이는 세발자전거 타는 법을 배울 때 좀 더 높은 역량 수준에 이를 수 있다. 자동차 운전은 적어도 10대 후반의 청소년들에게나 적합한 역량이다.

온전함을 기반으로 하는 새로운 생애 주기 모델이 필요하다

앞서 구분한 인생의 단계를 어떻게 생각하느냐에 따라 인생의 결과물이 달라진다. 다음 표에 소개된 접근법은 '지배-복종' 모델을 바탕으로 한 것이다. 이 모델에 따르면 우리는 무력한 상태로 세상에 나와서 역시나 무력한 상태로 세상을 떠난다.

파트 1	파트 2	파트 3
유아기 ~ 청소년기	성인기	노년기
너무 어려서 ~할 수 없는 시기	자리를 잡은 시기	너무 늙어서 ~할 수 없는 시기

이 표에 따르면 힘과 성취의 관점에서 성인기만이 긍정적인 가치를 갖는다. 성인기 이전에는 너무 어리고 성인기 이후에는 너무 늙어서 할 수 없는 게 많다. 결과적으로 인생의 두 파트가 무가치하고 권한이 없고 소외된 상태로 남게 된다.

이런 맥락에서 인생에 접근한다면 왜 그렇게 많은 사람이 청소년기를 좌절의 시기로 기억하고 노년기를 혐오하는지 쉽게 이해할 수 있다. 인생 곡선은 시작과 끝 두 곳에서 힘을 잃어버린다. 유일하게 용납되는 장소는 중간뿐이다. 권력은 성인들에게만 주어지고 청소년과 노인들에게는 허용되지 않는다.

인생 초반인 파트 1의 '너무 어려서 ~할 수 없는' 상황에 20년 가까이 머물러 있다 보면 성년이 되기 전날 밤은 아주 길게 느껴질 수 있다. 이 새로운 인생의 단계에서 우리를 기다리고 있는 난관들을 헤쳐나가려면 무엇보다도 높은 자존감을 갖는 방법, 건설적으로 힘을 사용하는 방법, 현명하게 선택하고 결정을 내리는 방법을 알고 있어야 한다. 이것을 하룻밤 사이에 다 배우라는 건 너무 지나친 주문이다.

당연히 우리는 이런 능력을 하룻밤 사이에 얻지 못한다. 생일날 아침 눈을 떠 봐도 전날 밤과 크게 달라진 건 없다. 성공적인 성인기를 헤쳐나가는 데 필요한 여러 가지 기술과 태도들을 여전히 배우지 못한 상태이고, 그걸 배우느라 지금부터 고군분투해야 하는 것이다.

청소년들이 자신을 가치 있고 능력 있으며 효율적인 사람으로 여기도록 도울 방법을 찾아야 한다. 그렇게 해야 하는 가장 큰 이유는 어쩌면 그들에게 성인기의 책임들을 짊어지기 위해 필요한 용기, 판단력, 건전한 자존감, 그 밖의 도구들을 갖춰주기 위해서일 것이다. 그러나 불행히도, 많은 아이가 뭘 가르쳐야 하는지 자기도 배워본 적이 없는 부모들에게서 태어난다. 어쨌거나 부모는 자녀에게 자신이 아는 것만을 가르치게 된다. 그 때문에 낡은 태도와 사고방식이 계속해서 다음 세대로 전달되고, 그걸 배운 게 아니라 타고난 것으로 착각하곤 하는 것이다.

이 무렵이면 부모들은 아마도 성인기의 끝부분에 도달해 있을 것이다. 이제 그들은 '너무 늙어서 ~할 수 없는 시기'인 노년기를 눈앞에 두고 있다. 이런 지위 변화는 폐경이나 은퇴와 함께 찾아오곤 하며 극심한 우울증의 원인이 된다. 때로는 두려움이 엄습하기도 하고, 많은 노인이 신체적·사회적·정신적 질병에 취약한 상태가 된다.

흥미롭게도, 청소년들 역시 자신의 새로운 지위에 비슷하게 반응한다. 그리고 그들은 노인들보다 공격성과 폭력성을 나타낼 가능성이 더 크다. 에너지가 넘치지만 건전하게 표출할 마땅한 대상이 없어서일 수도 있고 자존감이 낮기 때문일 수도 있다.

현재 우리의 교육, 의료, 사회, 심리적 관행 대부분이 개인적 특질이 아닌 나이에 따라 인생을 분류하는 이 지배-복종 모델을 바탕으로

하고 있다. 각 단계의 사람들을 온전한 인간으로 바라볼 수 있으려면, 이런 관행을 재평가해야 한다.

다음 표는 아주 다양하고 희망적인 결과를 제공하는 새로운 모델이다. 인생의 주기는 앞서와 같지만, 접근법은 크게 다르다.

출생 · ➤ 사망		
파트 1	**파트 2**	**파트 3**
최고의 상태	최고의 상태	최고의 상태
온전한 인간	온전한 인간	온전한 인간

이 '온전한 인간' 모델에서는 각 개인이 모든 단계에서 단단히 자리를 잡고 서 있다. 무력한 상태로 세상에 나오는 건 똑같을지라도, 발달을 통해 높은 지점에 올라 멋지게 생을 마감한다. 이 모델의 인간관계들은 힘이 아니라 건전한 자존감, 가치의 동등함, 사랑, 개인 및 사회에 대한 책임감이 반영된 행동을 근거로 한다.

이 모델에서는 매 단계를 최고의 상태로 만든다는 개념으로 인생에 접근한다. 단계마다 경이로운 일들이 벌어진다. 성장의 마법이 일어나는 것이다. 각 단계는 우리가 즐기고 배워야 할 시간으로 받아들여지며, 각각이 완전한 시기로 간주된다. 사람은 끊임없이 변화하는 살아 있는 생명체임을 기억하면서 그에 부합하게 서로를 대우한다.

노년기에 다다를 무렵이면 온전함이라는 측면에서 많은 경험이 쌓인 상태가 된다. 그래서 새로운 가능성을 개발할 수 있는 또 한 번의 기회를 찾을 수 있다. 삶을 마감하면서 우리가 인생의 모든 주기를 충만하게 살았고, 매 단계에서 자아를 최고 수준으로 끌어올렸다고 말할 수 있다면 얼마나 멋진 일이겠는가!

자녀가 사춘기를 보내고 있다면

14장

10대는 무거운 짐을 지고 있다. 사춘기 동안 분출되는 신체 에너지, 독립성을 찾고자 하는 심리적 욕구, 성공에 대한 사회적 기대감 등으로 새로운 세상에서 길을 찾는 가운데 엄청난 압박에 시달린다. 게다가 명확히 표시된 경로마저 없으니, 사춘기에 놀라움과 두려움을 느끼는 건 당연한 일이다.

자녀의 사춘기는 가족 모두에게 힘든 시기다

부모는 이런 상황을 인식해야 한다. 자녀가 아기였을 때 집 안을 안전하게 만들어놓았던 것과 같은 세심함으로, 부모는 이 시기에 걸맞은 성장이 일어날 수 있는 환경을 만들어주어야 한다. 이는 사춘기 자녀의 존엄성을 지켜주고, 자존감을 키워주며, 그들에게 유익한 지침을 제시해주는 방법으로 진행되어야 하며 이런 배려들은 그들이 사회적으로 성숙해지는 데 도움이 된다.

사춘기 자녀는 심리적으로 급격한 기분 변화를 겪고, 얼핏 보기에 불합리한 사고를 하며, 이따금 기이한 행동을 보이기도 하고, 평소 안 쓰던 어휘를 사용하거나 형편없는 성적표를 들고 오기도 한다. 사춘기 자녀가 자신의 힘, 자주성, 의존성과 독립성을 시험해보는 과정에서 나타나는 현상들이다.

청소년기의 모험을 성공적으로 완수하기 위해서는 부모와 10대 자녀 모두에게 긍정적인 이미지가 필요하다. 자녀는 그동안 커다란 위험을 감수하면서 훌륭한 업적을 이뤄왔다. 자신이 가진 에너지를 사용해 멋진 목표를 이룬 사춘기 자녀의 사진과 그에 관한 이야기로 스크랩북을 만들어보라. 부모님을 조르지 않고 용돈 일부를 꼬박꼬박 모아 좋아하는 게임기를 샀다든지, 정기적으로 양로원 방문 봉사를 했다든지, 방학 때 아빠와 함께 트래킹을 다녀왔다든지 등 무엇이든 좋다. 스크랩북을 만드는 작업은 부모의 두려움을 누그러뜨리는 데도 도움이 될 것이다. 이런 이야기들을 발굴할 때 자녀에게도 도와달라고 말하고, 한 가지가 추가될 때마다 위험을 감수해 얻어낸 성과를 다시 한번 축하해주면 더 좋다.

10대 자녀에 대해 불만을 늘어놓는 부모들이 많다. "절대 가만히 앉아 있는 법이 없어요. 항상 뭔가를 해야 직성이 풀리죠." 이것은 정상적인 과정이다. 현명한 부모는 이런 부산스러움을 받아들이고, 폭우가 지나갈 동안 평화롭게 살아갈 방법을 찾는다. 그리고 조만간 활짝 피어날 꽃망울에 거름이 되도록 정성스럽게 새로운 환경을 꾸민다.

사춘기라는 단계는 빨리 지나가지도, 쉽게 넘어가지도 않는다. 부모와 사춘기 자녀 모두 끈기를 갖고 지속적인 대화와 애정으로 그 시기를 잘 넘기려고 노력해야 한다. 이 엄청난 변화의 시기 동안 온 가족은 서로에게 새로운 존재로 다가오므로, 서로를 다시 알아가는 과정이 필요하다. 이 과정에 두려움과 애정 중 무엇을 더 많이 가지고 접근하느냐에 따라 성공과 실패가 갈릴 수 있다.

나는 부모들에게 이런 말을 자주 한다. "불법이기나 부도덕하거나 살찌는 일이 아니라면 뭐든지 격려해주십시오." 인간은 곁에서 도와주고 지지해주는 사람들이 있을 때 더 좋은 성과를 낸다.

통제가 아니라 격려가 필요하다

이 책을 읽고 있는 모든 성인은 사춘기에서 살아남은 사람들이다. 누군가는 비교적 수월하게 지나왔고 누군가는 아직 아물지 않은 상처로 고통받을 수도 있겠지만, 누구에게나 흔적은 남아 있다. 흔적과 상처의 차이점은 다음과 같이 설명할 수 있다. 좌절과 갈등에 대처하고 책임감을 가지며 인생의 현실들을 만나는 방법을 배우면서 지혜를 축적하다 보면 남는 것이 흔적이다. 흉터는 상처받은 영혼의 결과로서 나타난다. 그에 비해 아물지 않은 상처는 치유의 과정이 없었음을 보여준다. 얇은 피부막조차 자라날 틈이 없었던 것이다. 이것은 심각한 심리적·사회적 장애로 이어진다. 내 경험상 대다수 부모는 사춘기 자녀에게 아물지 않은 상처가 남지 않도록 모든 노력을 기울인다. 그러나 때로는 자기 상처도 여전히 아물지 않은 상태라서, 자녀까지 보살피기가 어려운 부모도 있다.

그런 경우 한 가지 접근법은 부모들이 지원을 받고 아이디어를 모으며 조화로운 의사소통 방법을 연습할 수 있도록 부모들의 모임을 조직하는 것이다. 이 방법은 부모가 둘 다 낮 동안 집을 비우는 가정에 특히 유용하다.

부모들은 종종 자신의 사춘기 시절에 대한 좋지 않은 기억과 더불어 10대들의 알코올 남용, 약물, 섹스, 폭력에 관한 끔찍한 이야기들을 전해 듣고 부정적인 환상을 잔뜩 안은 채 자녀의 사춘기를 맞이한다. 섹스와 폭력이라는 문제들이 소름 끼치게 느껴지겠지만 10대들 역시 성인과 같은 점이 많다는 사실을 기억할 필요가 있다. 성인을 꼬집으나 사춘기 자녀를 꼬집으나 아픔을 느끼는 건 똑같다.

전체 청소년 인구 중 중독자의 비율이 늘고 있다. 이런 행동은 너무 극단적이어서 실제보다 더 많은 청소년이 이 문제에 빠져 있는 것처럼 느껴질 수 있다. 그러나 꼭 비율이나 통계 때문이 아니더라도, 부모들이 자기 자식에 대해 염려해야 할 이유는 많다. 알코올과 약물 중독 가능성의 신호를 무시하는 부모들은 문제를 더 키우고 영구화하게 된다.

심각하든 사소하든, 문제에 대처할 때는 긍정적인 이미지를 발견하는 과정이 필수적이다. 상황을 빠져나갈 길이 보이면 절반은 해결된 것이다. 청소년기에 대한 일반적인 걱정도 마찬가지다. 시선을 돌려보면 10대들에게 일어나고 있는 긍정적인 변화가 훨씬 많다는 걸 알 수 있을 것이다. 그 10대 중 한 명이 당신의 자녀일 수도 있다. 사춘기 자녀에게 무엇에 대해서든 칭찬해준 적 있는가? 만일 없다면 지금 당장 하자! 긍정적인 행동이 보일 때마다 칭찬해주자. 10대 자녀가 보다 폭넓은 인식을 보이거나 긍정적인 선택을 할 때, 그리고 실수를 만회하려고 애쓸 때도 바로 칭찬해주자.

부모와 어른들이 이 멋지고 신나며 때로는 겁나는 여정에 대해 균형 잡힌 태도를 취할 때, 성공적인 길잡이 역할을 해줄 수 있다. 부모와 10대 자녀는 다른 어떤 발달 단계보다도 특히 이 시기에 완전히 다른 처지에 놓이게 되므로, 보통 서로의 상태에 대해 아무것도 모르는 상태로 출발하기가 쉽다.

앞서 언급한 바와 같이, 사춘기 동안의 아주 큰 변화 한 가지는 이전에 잠재되어 있는지도 몰랐던 에너지에 눈뜨게 된다는 것이다. 이 에너지는 무서울 정도로 강해서, 안전하고 적절하며 만족스러운 방법으로 건전하게 표출되어야 한다. 스포츠, 운동, 활발한 정신 및 신체 활동은 효과적이고 바람직한 에너지 표출 방법들이다. 체계화된 프로그램과 봉사 활동도 좋은 방법이다. 청소년들은 흔히 이상주의적이고 목표를 이루기 위해 열심히 노력한다. 그들이 이런 성향을 맘껏 표출할 수 있는 환경을 찾도록 도와주자.

에너지를 잘 조절해 성공적인 방향으로 돌리는 것이 청소년기의 한 가지 목표다. 일반적인 10대의 모습은 어서 출발 신호가 떨어지기를 기다리며 초조하게 발을 구르는 경주마에 비유할 수 있다. 그들은 사기가 충천해 있으며 경주에서 꼭 이기고 싶어 한다. 나는 성인들이 일부러 그러는 건 아니라도, 목적이 있는 적절한 활동을 제안하지 않음으로써 10대들의 어려움을 키운다고 생각한다.

어른들을 가장 두렵게 하는 것이 바로 이 에너지다. 그 두려움 때문에 부모들은 10대 자녀들에게 하지 말아야 할 일들을 줄줄이 나열하거나 또 다른 형태로 통제하려 든다. 그러나 필요한 건 정반대의 행동이다. 이 새롭게 찾은 에너지를 분출할 수 있는 적절한 출구를 마련하도록 오히려 격려해주어야 한다. 경계를 명확히 그어주는 일도 중요하지만, 그들에겐 애정과 수용이 필요하다. 부모는 그들의 가치를 받아들이는 동시에, 행동을 수정할 수 있도록 돕는 방법을 터득해야 한다.

부모가 느끼는 두려움도 솔직하게 알려주자

부모와 청소년 자녀 간 갈등을 상담할 때, 내가 가장 도움이 된다고 느꼈던 방법은 각자의 인간다움과 배려를 바탕으로 긍정적인 관계를 먼저 형성하는 것이었다. 통제나 위협을 통해 변화를 시도하는 건 아무런 소용이 없다. 각 개인이 가치 있는 사람으로 여겨질 수 있을 때 실질적인 변화가 일어난다. 나는 부모들이 자녀를 위해 '자원 연구소' 역할을 해주기를 바란다.

변화의 기틀을 마련하기 위해 다음 단계를 따르기 바란다.

- 부모는 자신의 두려움을 말로 표현하여 10대 자녀에게 알려주어야 한다.
- 청소년은 자신에게 일어나고 있는 변화를 이야기할 수 있어야 하며, 부모는 그들을 믿어야 한다. 청소년은 자신이 두려워하는 바를 이야기하고, 부모는 비판이나 조롱 없이 자녀의 말에 귀를 기울여야 한다.
- 부모는 적극적으로 들으려는 의지를 보여주고 이해했음을 표현해야 한다. 이해한다고 해서 용인한다는 뜻은 아니며, 이해는 앞으로의 전진을 위한 명백한 기틀이 된다.
- 청소년은 부모의 경청을 바라지만 스스로 요구하기 전까지는 조언이 필요하지 않음을 명확히 해둘 수 있어야 한다.
- 부모는 10대 자녀가 자신의 조언을 따르지 않을 수도 있음을 이해해야 한다.

이제 서로 동등한 가치를 느끼는 사람들 사이에서 의미 있는 대화가 이뤄지고, 그에 따라 새롭고 건설적인 행동을 발전시킬 수 있는 상태가 됐다.

많은 성인이 남들과 조화를 이루며 살아가는 기술과 기법을 마스터하지 못했다. 그래서 조화를 이루고 싶어 할 때도 남을 통제하려 드는 모습을 보이곤 한다. 나는 부모가 모르는 것을 모른다고 솔직하게 인정하거나, 자녀가 느끼는 고통 또는 부정적인 감정에 공감해줄 때마다 자녀들의 눈에서 부모에 대한 신뢰를 읽을 수 있었다.

부모와 10대 자녀 사이의 관계를 복구하는 과정을 수백 차례 거치다 보니, 아직 자신의 사춘기도 끝내지 못한 부모들을 많이 만나보게됐다. 그들은 자신이 자녀에게 현명한 지도자가 되어줘야 하는데 그러지 못한다고 느꼈다. 부모 자신도 아직 배우지 못한 걸 사춘기 자녀에게 가르칠 수는 없다. 그래서 일부는 이런 상황을 속임수로 대처하려한다. 모르면서 마치 아는 것처럼 행동하는 것이다. 가끔 통할 때도 있겠지만, 잔뜩 어질러져 있는 테이블을 담요로 덮어버리는 것처럼 무분별한 방법이다. 10대들은 벌어지고 있는 상황을 곧 눈치채기 마련이다.

나는 부모들에게 자신의 불완전함과 한계를 인정함으로써 높은 자존감을 유지하라고 격려한다. 그럴 때 비로소 부모와 자녀는 한마음이되어 양쪽 모두에게 유리한 방향으로 협력할 수 있다.

어떤 부모는 학교에 무단결석을 하는 10대 자녀 때문에 걱정이 많다고 했다. 간청도 하고 위협도 했지만 아무 소용이 없었다. 알고 보니이 부부는 어려서 학교를 제대로 다니지 못했기에 아들만큼은 어떻게든 대학까지 마치게 해주고 싶었다고 한다. 자신들이 누리지 못한 걸아들에게 해주고 싶었던 것이다. 부모로서는 아들을 사랑하기에 내린결정이었지만, 그 표현 방식 때문에 아들은 통제받는다고 느꼈다. 상담을 진행하면서 부모와 아들 사이에 신뢰 수준이 높아지자, 모두가서로의 말을 귀담아들을 수 있게 됐다. 아들은 부모님의 두려움을 이해하고 나니 그들을 신뢰할 수 있게 됐고, 부모의 강요에 의해서가 아니라 스스로 원해서 학교에 다시 나가게 됐다.

자녀의 노력을 지지하고
도전 의지를 북돋아 주자

앞의 사례에서 문제의 원인은 교육이라는 목표가 아니라 세 사람 사이에 존재하던 '승패 논리'였다. 이것은 "네가 해야 할 일을 말해줄 테니 내 말대로 해", "너에게 좋은 일이니 반드시 그렇게 해야 한다"와 같은 권력 메시지에 내재되어 있다. 예측할 수 있다시피 10대들은 이런 명령에 "나한테 이래라저래라하지 마세요", "그렇게 하지 않을 거예요", "난 공부에는 관심 없어요"와 같이 대꾸한다. 많은 부모와 자녀가 이런 상황에 봉착한다. 표면적으로는 학교에 관한 것이지만 바탕에 깔린 메시지는 힘과 통제에 관한 것이었다. 부모들은 도움이 되고 싶었지만 결과적으로는 전쟁을 부르는 꼴이 됐다.

이런 행동은 부모와 10대들 사이에서 문제를 일으키는 가장 큰 원인이다. 나이나 성별을 불문하고 두 사람 사이에 힘과 통제에 관한 갈등이 존재하면 문제가 일어나게 되어 있다.

이런 승패 논리는 권력 분쟁을 일으킨다. 모든 권력 분쟁에서 핵심은 '승자가 누구인가'라는 것으로, 사람들은 대개 오직 한 사람만이 승리를 얻는다고 가정한다. 승자야 물론 좋겠지만, 패배한 쪽 입장에서 생각해보면 비극일 수밖에 없다. 인간관계가 망가지고 자존감도 떨어지기 때문이다.

부모와 10대 자녀는 서로에게 꼭 필요한 존재이며, 윈윈win-win 접근법을 사용하는 방법을 배울 수 있다. 예를 들어, 자녀가 이렇게 말했다고 해보자. "아직 수요일밖에 안 됐는데 용돈이 떨어졌어요. 용돈 좀 주세요." 승패 논리를 구사하는 부모는 이렇게 말할 것이다. "좀 아껴쓰지 그랬니. 이번 주 용돈은 이미 줬으니 더 줄 수는 없다." 반면, 윈윈 접근법을 사용하는 부모는 이렇게 말할 것이다. "나도 그런 적이 있었는데, 기분이 썩 좋지는 않더구나. 나도 월급날까지는 돈이 없지만 다른 데서 아껴쓸 방법을 생각해보자. 그리고 용돈을 좀 더 계획적으로 사용할 방법을 같이 연구해봐야겠다."

승패 논리를 구사하는 부모는 자녀의 입장을 생각해보지 않고 원칙만 강조했다. 반면, 윈윈 접근법을 사용하는 부모는 자녀의 현재 어려움에 공감하고 협력하는 모습을 보였다.

청소년기의 중대한 과제 중 하나는 세상이 어떤 곳인지를 발견해나가는 일이다. 청소년들은 철학적인 상태가 되어, 하늘 아래 모든 것에 의문을 갖는다. 이것은 매우 좋은 현상이다. 어른들은 통념을 깨고 여러 가지 새로운 시도를 하려고 애쓰는 청소년들의 모습을 지켜보면서 자녀를 좀 더 깊이 이해할 수 있다.

성인들은 이 발견 과정을 지지해줌으로써 청소년이 최대의 성과를 누리게 할 필요가 있다. 청소년 자녀가 있는 가정은 원하기만 하면 삶을 새롭게 시작할 수 있다. 청소년들의 탐색과 질문들은 성인들에게도 인생을 돌아보고 새로이 도전할 수 있는 계기를 제공한다.

그리고 부모가 10대 자녀에게 존경받는 확실한 방법은 약속을 지키는 것이다. 정말로 지킬 뜻이 없다면 약속을 하지 말아야 한다. 규칙도 마찬가지다. 자녀가 당신을 좋아해 주길 바라는 마음에 규칙을 기분 따라 바꾼다면, 자녀는 결국 당신을 신뢰하지 않을 것이며 당신은 자녀를 원망하게 될 것이다.

부모와 10대 자녀가 같은 활동을 즐기는 걸 본 적이 있는가? 10대들은 부모와 다른 방향으로 가려고 하며, 부모보다는 또래들과 함께하고 싶어 한다. 이는 지극히 정상적인 현상이다. 이 시기에는 또래의 영향력이 부모보다 더 막강하다. 부모들은 진심 어린 마음으로 사춘기 자녀의 친구들을 받아들일 방법을 찾아야 한다. 또한 사춘기 자녀가 부모에 대한 의존에서 벗어나 성인기의 삶을 준비하고 있다는 사실을 이해해주어야 한다. 다른 한편으로 부모는 자녀의 인생을 통제하는 존재로서의 역할을 포기하고, 도움이 되는 안내자가 되어야 한다.

자녀가 마음껏 성장할 수 있도록
안내자 역할을 해주자

사춘기 시절에는 한순간 마흔 살처럼 느끼다가 다음 순간에는 다섯 살처럼 느끼기도 한다는 사실을 기억하라. 이것은 당연한 일이다. 청소년들에게 "나이에 맞게 행동해라"라며 비판적으로 이야기하는 어른들은 10대들이 이 시기에 경험하는 혼돈을 잠시 망각한 것이다. 청소년들은 자신이 사랑받고 가치 있게 여겨지며 조건 없이 포용된다고 느낄 때 성인의 리더십을 흔쾌히 받아들일 수 있다. 그들은 자신에게 관심을 쏟아주면서, 신중한 태도로 이 여정을 함께 계획해줄 능력과 의지가 있는 성인들을 절실히 원한다.

청소년에게 수많은 구속과 제약을 걸어두는 데 집착하지 말고 솔직함, 유머, 현실적인 가이드라인을 바탕으로 관계를 발전시키는 데 집중하라. 청소년들에게는 믿을 만한 성인들과의 세심하고 융통성 있는 관계가 정말 필요하다. 그것만 확보된다면 이 흥분되고 두렵고 요동치는 시기를 슬기롭게 보낼 수 있다. 그 종점에는 한층 더 발전한 사람이라는 훌륭한 선물이 기다리고 있을 것이다.

사춘기 자녀는 당신을 신뢰할 수 있을 때 비로소 당신에게 귀를 기울이려 할 것이다. 바로 그때 해줄 수 있는 모든 말을 해주어라. 그런 기회가 오지 않는다고 해도 내 말 좀 들으라고 강요해서는 안 된다. 억지로 설교하는 건 전혀 효과가 없을뿐더러 그래도 계속 고집한다면 둘 사이에 벽만 높아질 것이다. 그러므로 분위기가 좋아질 때까지 기다리기 바란다. 자신의 조언을 따르라고 강요하는 어른들의 말이 얼마나 귀에 들어오지 않았는지 당신의 사춘기 시절을 돌이켜보라.

어쨌거나 청소년들은 자주성과 정체성을 확립하려고 분투하고 있다. 그들은 여러 차례 잘못된 길에 발을 들여놓기도 하고 소득 없이 진을 빼기도 하면서 급격한 호르몬 변화까지 감당해야 한다. 이것은 자연스러운 성장의 과정이다. 급격한 호르몬 변화 탓에 10대들은 강렬한 감정들을 경험한다. 부모들이 이런 강렬한 감정을 평가절하하지 않는 게 중요하다. "그건 풋사랑일 뿐이야", "그래, 그래. 누구나 그런 과정을 거치는 거야. 자, 이제 그만 잊어버리고 공부나 하렴" 같은 말은 반발만 불러일으킨다.

어느 유명 조각가는 돌에 자기 생각을 새기는 대신, 그 돌이 앞으로 어떤 모습으로 변화할지 가만히 지켜본다고 이야기했다. 청소년을 양육하는 것도 그와 비슷하다.

앞에서 해봤던 것처럼, 10대들의 내면으로 들어가 어떤 생각을 하는지 따라가 보자.

"나한테 가장 필요한 건 내가 얼마나 바보스러워 보이든 간에 사랑받고 있고 가치 있게 여겨진다는 느낌이에요. 나는 때때로 나 자신을 믿지 못하기 때문에 나를 믿어주는 사람이 필요해요. 솔직히 나는 나 자신이 형편없다고 느껴지곤 해요. 누가 진심으로 나를 좋아해 줄 만큼 강인하지도 못하고, 똑똑하지도 않고, 못생겼다는 느낌이 들거든요. 그러다가도 때로는 내가 모든 걸 알고 있고 이 세상에 맞설 수 있다고 느껴요. 모든 것에 대해 강렬한 감정을 느끼죠. 내가 중심을 잃지 않도록 내 말을 비판하지 않고 들어줄 누군가가 필요해요. 난 실패를 하거나 친구를 잃거나 게임에서 지면 세상이 무너진 것만 같아요. 나를 위로해줄 애정의 손길이 필요해요. 나에겐 아무도 나를 놀리지 않을, 혼자서 울 수 있는 공간이 필요해요. 반면 그냥 나와 함께 있어줄 누군가가 필요하기도 하죠. 또 나에게 확실하게 '그만둬'라고 말해줄 사람도 필요해요. 하지만 나에게 훈계를 늘어놓거나 과거의 잘못을 전부 들춰내지는 말아 주세요. 나도 이미 알고 있고 그 일에 대해 죄책감을 느끼고 있으니까요. 무엇보다도 나는 당신(부모)이 나에 대해, 그리고 자신에 대해 솔직하기를 바라요. 그러면 신뢰할 수 있거든요. 내가 당신을 사랑한다는 걸 알아주셨으면 해요. 내가 다른 사람들을 사랑하더라도 마음 상해하지 말아 주세요. 나를 계속 사랑해주세요."

사람은 누군가를 사랑하면 그를 완벽하게 만들고 싶어 하는 경향이 있다. 이것은 성인이나 청소년 누구도 달가워하지 않는 간섭을 불러온다. 6장에서 설명한 조화로운 의사소통 방법을 이해한다면 어떻게 해야 간섭을 중단할 수 있는지 알 것이다. 간섭을 할 때 자신이 간섭하고 있다는 사실을 알아차리는 방법을 터득할 필요가 있다.

자녀가 의존성, 독립성, 상호의존성을 갖추고 높은 자존감을 유지하며 사람들과 조화롭게 살아가는 방법을 알게 됐다면 사춘기의 여정을 성공적으로 마친 것이다. 이 새로운 특징들 가운데는 당신, 즉 부모와의 변화된 관계도 포함되어 있을 것이다. 변화된 관계 속에서 당신과 자녀는 한 팀으로서 기꺼이 협력해 더 화목한 가정을 만들어갈 수 있을 것이다.

한 인간이 높은 자존감, 친밀하게 관계 맺는 능력, 상대를 배려하는 의사소통 능력, 책임감, 위험을 감수하는 능력을 갖추고 성인기에 도달할 수 있다면 청소년기의 목적은 충분히 달성한 것이다. 청소년 자녀가 인간다운 인간으로 성장할 수 있도록 부모가 안내자 역할을 해주어야 한다.

노년기, 마지막이 아니라
새로운 시작이다

15장

노년기의 성공적인 삶은 지나간 날들에 작별을 고하고 앞으로 다가올 일들을 새롭게 맞이하는 과도기 과정과 함께 시작된다. 노년기의 시작을 알리는 중대한 사건들 가운데는 폐경과 은퇴가 있다. 이것은 부인할 수 없는 구체적인 현상들이다.

인생의 황혼기에 발산되는 에너지는 그럴 만한 준비만 되어 있다면 얼마든지 새롭게 재활용할 수 있다. 예를 들어, 여자가 폐경기에 이르면 임신에 대한 걱정 없이 새로운 즐거움으로 성생활을 만끽할 수 있다. 은퇴라는 이벤트 역시 마찬가지로, 매일 일하러 갈 필요가 없기 때문에 뭔가 다른 일을 할 수 있는 자유 시간이 확보된다.

그러나 이런 일이 자유롭게 이뤄지기 위해서는 과도기 단계를 거쳐야 한다. 과도기 과정을 거치는 것은 변화를 겪는다는 점에서 사람의 마음을 불안하게 한다.

노년기를 맞이하는 다섯 가지 준비 사항

다음 다섯 단계는 과도기를 마무리하고 노년기의 인생을 위해 새로운 기틀을 마련하는 데 도움이 될 것이다.

- 첫째, 결말이 다가왔다는 사실을 인정하라. '나는 은퇴했다'는 현실을 직시하는 것을 의미한다.
- 둘째, 상실을 슬퍼하라. 상실, 분개, 두려움, 거부의 감정을 말로 표현하는 것을 의미한다.
- 셋째, 결말의 긍정적인 부분을 인정하라. 경험에서 얻은 바를 솔직히 인정함으로써 경험을 귀하게 여기는 것을 의미한다. 100퍼센트 나쁘기만 한 일은 별로 없다.
- 넷째, 새로운 가능성으로 채울 수 있는 인생의 공간이 생겼음을 인정하라. 이 단계를 마무리할 무렵이면 좀 더 균형이 잡혔다는 느낌이 들 것이다.
- 다섯째, 이제 당신은 새로운 가능성을 받아들일 준비가 됐다. 행동을 취하라. 중심을 잃지 말고 에너지를 집중하여 원하는 바를 창조하면서 나아가라. 삶을 지속하라.

탐험가와 같은 자세로 또 한 번의 인생 여정을 떠날 채비를 하라. 이전의 여정에서 그랬던 것처럼, 당신은 현재의 인생에 부합하는 의미를 찾아야 할 것이다. 생각해보면 이것은 전에도 여러 차례 겪었던 일이다. 처음 학교에 가던 날 또는 처음 월경을 시작하거나 면도를 시작한 날도 그런 여정이었으며, 그 일을 계기로 이후의 인생에 다른 가능성이 펼쳐졌다. 그 과정에서 새로운 깨달음을 얻었고 결과적으로 인생의 다른 위치에 이르게 됐다.

지금도 상황은 똑같다. 그러나 이번에는 과도기의 단계들에 대해 그때보다 좀 더 잘 인식하고 있는 상태일 것이다.

과도기를 겪는 건 두렵기도 하고 걱정스러울 수도 있다. 충분한 시간을 들이면서 인내심을 발휘하라. 인식력을 높이고 결단력을 키우라. 서두르지 말라. 과도기는 자체적인 리듬을 타고 이뤄진다. 어떤 경우에는 모든 단계를 완료하는 데 1년 이상이 걸릴 수도 있다. 완료 후에는 새로운 도전에 임할 마음의 준비가 될 것이다.

나는 과도기를 제대로 거치지 않은 사람들이 새로운 시작에 집중하기 어려워하는 모습을 많이 봤다. 그들의 에너지와 주의력은 여전히 현재에 도움이 되지 못하는 과거에 맞춰져 있는 듯했다. 이것은 인생을 즐기는 게 아니라 견뎌낸다는 느낌을 줄 수 있다. 더불어 생겨난 우울증은 노년기의 생활이 어떻게 될 것인가에 대한 부정적인 이미지와 상상 때문에 더욱 악화되기도 한다.

자신의 노년을 머릿속으로 그려보자

일반적으로 사람들이 가지고 있는 노년기에 대한 부정적인 그림은 다음과 같다. 앞에서 몇 번 해본 것처럼 노년에 이른 사람의 생각을 따라가 보자.

"나이가 들면 몸은 허약해지고 기운도 없는 데다가 말귀를 잘 알아듣지 못하거나 앞이 제대로 보이지 않을 수도 있어. 몸 이곳저곳이 항상 아프기도 할 거야. 뇌 기능도 저하돼 지적으로 둔감해지겠지. 보기 흉하게 얼굴엔 주름이 가득한 데다 몸은 뚱뚱해질 거고. 집에서 TV 드라마를 보거나 아니면 먹고살기 위해 되는 대로 임시직을 전전해야만 할 거야. 외롭고 처량한 신세가 되겠지. 누가 나 같은 늙은이를 곁에 두고 싶어 하겠어? 내 최고의 시절은 이미 지나가 버렸어. 최종적인 결말인 죽음을 기다리는 일밖에는 아무것도 남아 있지 않아."

만약 노년에 이런 운명이 기다리고 있다는 생각이 든다면 누구든 그걸 피하려고 모든 노력을 기울일 것이다. 앞서 묘사한 참혹한 노년을 정말로 믿는 사람들에게 나이가 든다는 건 분명 끔찍스럽고 두려운 일이다. 그래서 노화의 신호들을 단호히 무시하고 부인하면서 이런 주체 못 할 공포감에 대처하고자 하는 사람이 많다.

하지만 그런 대처법은 긴장감을 더하고 강한 자기혐오를 키울 뿐이며, 결과적으로 자신을 질병·우울증·불행에 취약하게 한다. 우리의 자아는 억눌리는 걸 좋아하지 않으며, 심지어 기를 쓰고 반발한다. 자아는 우아하게 나이 들고 싶어 하며 조건 없이 사랑받길 원한다. 우리의 몸과 마음은 어느 나이에서건 건강하도록 만들어져 있다.

한편, 날마다 고단하게 일을 해야 하는 사람들은 또 다른 환상을 가지고 있다. 그들은 은퇴하는 날만을 바라보며 살아간다. 그날이 되면 마치 동화에서처럼 꿈이 실현될 거라고 믿는 것이다. 원하는 일이라면 뭐든지 할 수 있는, 멋진 인생이 펼쳐질 거라고 생각한다.

이런 환상을 가지고 있으나 은퇴 생활을 즐기는 데 필요한 요령을 미처 개발해놓지 못한 사람들은 머지않아 은퇴가 악몽처럼 느껴질 것이다. 은퇴 후 호화롭게 꾸민 이동식 주택에서 살던 한 부부의 이야기를 해보겠다. 남편은 누구보다 열심히 일했고, 은퇴하자마자 자유를 누리자며 집을 팔고 이동식 주택을 구입했다. 아내가 극구 반대했지만 독재자 유형이었던 남편은 귓등으로도 듣지 않았다. 이동식 주택에서 생활한 지 두 달이 지나자 부부는 거의 대화를 나누지 않게 됐고, 반년도 안 돼 남편이 큰 병에 걸려 세상을 떴다. 아내는 분노가 누그러지지 않아 그의 장례식에도 참석하지 않았다.

만약 이 부부가 새로운 인생 단계를 함께 설계했더라면 그의 계획은 훌륭한 결실을 봤을지도 모른다. 만일 그랬다면 은퇴 후 두 사람이 함께하는 생활을 체계적·현실적으로 준비할 수 있었을 것이다. 수십년 동안 아침에 1시간, 저녁에 2시간 정도만을 같이 보내던 그들이 이제는 하루 24시간을 함께 지내게 됐다. 널찍한 침실 세 개에 각자의 작업실까지 갖춰진 집에서 살던 사람들이 이제는 자그마한 방 한 칸에서 함께 지내야 했다. 이런 환경에서 즐겁게 지내려면 높은 자존감, 아주 특별한 관계, 많은 유머 감각이 필요하다. 하지만 짐작하다시피, 그들에겐 그런 역량이 없었다.

또 만약 그 부부가 실험 삼아 한 달 정도 이동식 주택에서 살아보면서 그 생활이 어떤지 알아봤다면 어땠을까? 집을 팔지 않고 그대로 둔 상태에서 다른 옵션들을 생각해봤다면 어땠을까? 그랬다면 두 사람은 이런 극단적인 변화에 준비가 되어 있지 않음을 깨닫고 계획을 수정할 수 있었을 것이다.

이 부부의 사례는 여러 가지 가능성을 열어놓은 상태로, 생활 방식의 극단적인 변화는 신중하게 선택해야 한다는 사실을 알려준다. 노년의 행복하고 생산적인 경험을 위해서는 당신이 머릿속에 가지고 있는 그림과 환상의 실체를 명확하게 아는 것이 중요하다. 이 그림은 당신이 적응하는 데 큰 영향을 끼친다. 이 그림을 일부러 의식하면 거기에 대처할 수 있고 당신이 아는 현실과도 비교할 수 있게 된다.

어떤 환상들은 겉으로 표현해보기 전까지는 우리 자신에게조차 명백하지 않다. 그런 환상이 있다는 사실조차 모를 수도 있다. 당신이 가진 환상을 제대로 의식해본 적이 없다면 지금 파악해보자. '내가 ~한다면 어떻게 될까?'라는 질문을 던지면서 머릿속에 무엇이 떠오르는지 가만히 지켜보라.

흥미롭고도 긍정적인 효과가 나타날 수 있다. 환상에 귀를 기울일 때는 내면의 지혜를 토대로 하여 당신이 하는 말을 스스로 믿는지 질문해보라. 당신의 마음 한구석에서 자기가 말도 안 되는 이야기를 하고 있다고 생각할 수도 있다. 이것은 상상을 말로 표현해볼 때의 구체적인 장점 중 하나다.

다음 질문들이 당신이 품고 있는 환상의 근원을 찾는 데 도움이 될 것이다.

- 나이 많은 사람 중에서 누구를 알고 지내는가?
- 그 사람과의 관계에서 본질은 무엇인가?
- 그 사람한테 어떤 말을 들었고 무엇을 관찰했는가?
- 나이 든다는 것에 대해 어떤 말을 들었는가?
- 노년에 이르렀을 때 어떤 모습일 것으로 상상하는가?

환상의 근원을 발견했다면, 현재의 사실과 감정에 빗대어 당신의 정보를 점검해보라.

좋은 와인처럼, 나이가 들수록 지혜가 쌓이기 마련이다

건강한 사람의 노화 과정에 대한 연구에 따르면 우리가 단지 나이 때문에 노쇠, 질병, 퇴보하는 게 아니라는 사실이 밝혀졌다. 그런 것들은 나이가 아니라 질병으로 인한 결과다.

노년에 접어들면서 사람들은 당연히 생리학적 변화를 겪을 것이다. 이는 자연스러운 인생의 모습이다. 하버드 의대 교수 존 W. 로_{John. W.} Rowe 박사는 "성공적으로 나이 드는 사람은 노화에 따르는 변화를 극복할 능력을 저해하지 않고 향상시키는 라이프 스타일, 경제적 지위, 성격을 가지고 있다"라고 밝혔다. 또 로버트 칸_{Robert Kahn} 박사와 공동 집필한 별도의 논문에서는 "정상적인 노화의 범주 안에서도 일반적인 노화와 성공적인 노화를 구분할 수 있다"라고 기술했다.

이 말은 내 임상적 경험과도 일치한다. 노화를 성공적으로 극복하는 능력의 바탕은 높은 자존감이다. 자존감이 높지 않다고 하더라도 걱정할 것 없다. 언제든 키우면 된다. 나이 든다는 것은 개인적인 경험이다. 이전의 변화와 마찬가지로, 성공적인 결과는 높은 자존감을 가지고 얼마나 창조적인 방법으로 상황을 극복해나가느냐에 전적으로 달렸다. 우리가 앞서 따라가 본 내면의 목소리는 나이보다는 낮은 자존감에서 비롯됐을 가능성이 크다. 나이는 타인과의 불만족스러운 상호작용, 자기 자신이나 일에 대한 불만과는 아무런 관련이 없다. 우리는 어떤 나이에서든 자신을 사랑하는 방법, 만족스러운 관계를 맺고 발전시키는 방법, 인생을 풍요롭게 만들어줄 일이나 활동들을 찾는 방법을 새로이 배울 수 있다.

많은 사람에게 변화는 두려움이다. 그들은 인간의 뇌가 평생 기능을 계속한다는 사실을 받아들이기 어려워한다. 하지만 이제는 과거의 부정적인 가정들을 반박하는, 믿을 만한 정보가 확보되어 있다. 건강한 사람들의 노화 과정에 대한 연구에서 다음과 같은 사실이 밝혀졌다.

- 나이가 들수록 학습 능력이 높아진다. 정신은 자극을 받으면 성장을 계속한다.
- 성적 흥분과 만족 능력도 지속되며, 상황에 따라서는 오히려 높아지기도 한다. 단지 나이가 들었다고 해서 성적 관심이 사라지지는 않는다.
- 몸은 높은 자존감, 목적이 있는 활동, 신체 운동, 만족스러운 애정 관계와 합쳐질 때 높은 재생력을 보인다. 몸은 살아 있는 조직이며 세심한 보살핌에 잘 반응한다.

노년기의 큰 숙제는 건강을 유지하기 위해 노력하는 것이다. 노화에 대한 연구 결과를 지속적으로 접하고, 부정적인 그림을 긍정적이고 신나는 그림으로 대체하라. 건강에 대한 새로운 그림은 다음과 같은 모습일 것이다.

"나는 더 나이가 들어도 지금처럼 건강을 유지할 거야. 더욱 현명해질 것이고. 그럴 만한 시간과 관심이 확보될 테니 인생을 즐길 수 있는 자극을 만들면서 살 거야. 새로운 일들을 시도해보겠어. 나는 혼자 있을 때도 즐거운 마음으로 생활할 수 있을 거야. 또 내가 원할 때 다른 사람들과도 연락하면서 지내겠지. 나는 활력이 넘칠 거야. 내 안에서 빛이 날 거야."

이제 당신에겐 '이런 목표를 달성하려면 무엇을 배워야 하는가?'가숙제로 남아 있다. 당신의 생각, 태도, 인식은 엄청난 힘을 가지고 있다는 사실을 기억하라. 유리잔에 물이 절반쯤 담긴 모습을 보고 절반이 찼다고 표현할 수 있다면 에너지는 높아지고 긍정적인 감정을 가지게 될 것이다. 반대로 절반이 비었다고 표현한다면 에너지는 떨어지고 부정적인 감정을 가지게 될 것이다. 둘 다 옳지만 그것이 불러오는 감정에는 상당한 차이가 있다. 당연히 상황을 긍정적으로 바라보는 게 당신에게 이롭다.

태도와 정신은 나이를 불문하고 신체, 정서, 영혼의 안녕에 강력한 요소로 작용한다. 물론 나이가 들수록 흰머리가 나고 신진대사에 변화가 오는 등 몸은 오래 사용해 낡은 티를 낼 것이다. 반응 시간도 느려지고 질병에서 회복되는 시간도 더뎌진다. 그러나 사람의 영혼, 태도, 자존감, 정서적 반응은 나이와 함께 더욱 개선된다. 마치 좋은 와인처럼 말이다.

나는 자신의 가능성을 새롭게 인식하고 '죽어가는' 인생이 아니라 '살아가는' 인생을 택하는 순간 노인들이 얼마나 빠르게 생기, 창의성, 건강을 되찾는가를 보고 감명을 받곤 한다.

우리가 이미 경험적으로 알다시피 나이는 숫자에 불과하다는 진실이 연구를 통해 입증될 것으로 믿는다. 낮은 자존감, 영양 부족, 자극 부재, 부적절한 생활 환경, 고립감, 외로움, 부정적인 관계는 전부 우리를 신체적·정신적 질병에 취약하게 한다. 그에 대한 해결책은 높은 자존감, 충분한 영양 공급, 신체적·정신적 자극, 매력적이고 건강에 좋은 생활 환경, 다른 사람들과의 만족스러운 관계, 친밀한 인간적 접촉, 풍성한 인간관계, 명료한 목표의식 등이다.

변화된 상황을 도전의 기회로 받아들이자

생활 계획은 노년기에 중요한 또 하나의 요소다. 은퇴는 새로운 미지의 대상이다. 청소년기와 마찬가지로 아직 가본 적 없는 세계인 것이다. 아무도 당신에게 무엇을 어떻게 하라고 가르쳐주지 않는다. 시계와 달력이 불필요해진다. 출근 시간이나 퇴근 시간 등 시간의 구분이 사라지고 하루를 온전히 스스로 계획해야 한다. 외부의 권위자가 오랫동안 그 일을 대신 해주는 데 익숙해진 사람에게는 스스로 생활을 설계하는 일이 엄청난 부담을 안길 수 있다. 하지만 그렇더라도 이제 당신에게 맞춤화된 생활 계획을 스스로 짜야 할 때다.

은퇴는 어려움에 대처하는 극복 능력, 성숙도, 관계의 본질을 테스트해보는 시험대와도 같다. 당신에게 필요한 것을 알아낼 수 있는 절호의 기회로 바라볼 수도 있다. 예를 들어 전에는 명확하게 드러나지 않았던 자신의 적응력, 자존감 수준, 낮은 자존감을 유발하는 원인, 고착화된 습관, 기분의 리듬이 어떤지 터득할 수 있다.

많은 사람이 이 시기에 인간관계에서 심각한 어려움을 겪는다. 상황의 변화는 새로운 인간관계가 맺어질 수 있는 환경을 조성할 뿐만 아니라 기존의 관계에도 영향을 끼칠 수 있다. 모든 인간관계가 엄밀한 검토의 대상이다. 관계에 도움이 필요하다면 방법을 찾아야 한다.

문제점이 보이면 필요한 조치를 취하라. 부끄러움이나 두려움 때문에 주저하지 말라. 인간관계에 어려움을 겪고 있다고 판단되면 새로운 모임에 가입해서(또는 직접 만들어서) 새로운 관점을 얻어보라. 배려심 있는 사람들과 마음을 터놓고 이야기하는 것은 치유는 물론 유대감을 형성하는 데도 도움이 된다. 전문가에게 상담을 받는 것도 효과적이다.

어쩌면 단순히 환경이 달라졌다고 해서 자동으로 기회가 제한되는 건 아니라는 사실이 좀 더 명확해질 것이다. 궁극적으로 우리에게 벌어지는 일은 주어진 상황에서 어떻게 행동하고 그 상황을 어떻게 극복해나가느냐에 따라 결정된다. 노년기의 생활은 단지 창조적인 인생을 위한 또 다른 환경일 뿐이다.

이미 높은 자존감과 조화로운 의사소통 능력을 키워놓은 상태라면 노년기에 접어드는 것은 추가적인 성장을 위한 또 다른 기회가 된다. 이 시기 높은 자존감은 당신의 직업, 돈, 인간관계가 아니라 당신 자신에게서 나오는 것이다. 긍정적 태도를 취할 것이냐, 부정적 태도를 취할 것이냐는 당신의 몫이다. 거친 돌을 대하는 조각가의 자세를 다시 한번 상기할 필요가 있다. 조각가의 선입견이 아니라 그가 돌에서 발견한 무언가가 조각품이 된다.

많은 사람은 외적으로 성공한 것처럼 보이는 상태에서 노년기에 도달한다. 그러나 내적으로는 만성적인 공허함과 외로움에 시달리고 있을 수도 있다. 노년기에 들어가면서 돈, 권력, 지위 등 성공의 겉껍데기가 벗겨지면 이런 사람들은 우울증을 겪거나 부적절한 행동을 보이곤 한다. 자신의 강점으로 믿고 의존했던 것들이 사라지기 때문이다.

만약 지금 당신에게 이런 일이 벌어지고 있다면 그것을 하나의 발견으로 여기고 자존감을 높일 방법을 찾아보기 바란다. 이것은 혼자만의 싸움이 아니다. 성장 과정에서 높은 자존감과 조화로운 상황 대처 능력을 갖추도록 양육된 사람들은 의외로 많지 않다.

최근에 나는 은퇴한 남자 중역들을 대상으로 강연을 한 적이 있다. 전 은행장 출신으로 일흔이 넘은 분이 내게 말했다. "나는 직급도 없고 사무실도 없고 이제 별 볼 일 없는 사람입니다." 제삼자의 눈으로 보기에 이분은 정말 모든 외적인 성공을 달성한 상태였다. 그러나 내적인 자존감을 키울 필요가 있었다. 그는 높은 직급과 큰 사무실을 자신의 자존감을 규정해주는 요소로 간주했기 때문에, 은퇴를 무기력하게 누워만 있는 일로 여겼다.

젊음과 풋풋함이 시들고 돈, 권력, 지위가 사라져버리면 이런 것들을 자신의 가치로 여기던 사람들은 큰 고통을 겪을 수 있다. 삶의 다른 방법들을 배우기 전까지 많은 사람이 알코올 중독에 빠지거나 질병에 시달리거나 이혼, 우울증 또는 극단적으로 자살을 택하기도 한다. 이런 사람들에게는 인생을 전환할 방법을 발견할 수 있도록 외부의 도움이 필요하다.

새로운 인생 목표를 세우자

반드시 노년기에 이른 다음에야 내적 가치를 발견하려는 노력을 시작할 필요는 없다. 외적 성공의 증거와 별개로 인생의 의미와 가치는 인간 존재에서 핵심이 된다. 인생을 소중히 여길 때 자신의 영적 각성을 체험할 수 있다.

그 첫 번째 디딤돌은 높은 자존감이다. 어떤 나이에도 배울 수 있는 태도이지만, 노년기에 특히 유용하다. 예를 들어, 높은 자존감을 배우거나 가지고 있으면 미처 활용하지 않은 내적 자원들을 계속해서 발굴해나갈 수 있다. 오랜 꿈에 여전히 끌린다면 그 꿈을 실행에 옮길 수도 있고, 새로운 꿈을 품을 수도 있다.

노년기는 새로운 인생의 목표를 세울 수 있는 시기다. 항상 시도해보고 싶었던 무언가를 실제로 해볼 수 있는 시기인 것이다. 어떤 일에 대한 열망이 여전히 남아 있다면 이제 실행에 옮겨보라.

다음은 나이를 불문하고 존재하는 인간의 공통적인 욕구다. 원래는 알았지만 잠시 잊고 지냈다면, 이번 기회에 곰곰이 되새기기 바란다.

- 사랑하고 사랑받으며, 주목받고 인정받고 존중받고, 실질적·비유적으로 누군가의 손길을 느끼고 싶어 한다.
- 중요한 사람이 되고 싶어 하고, 목적의식을 가지고 싶어 한다.
- 자극을 받고 새로운 것을 배우고 싶어 한다.
- 만족스럽고 친밀한 관계를 맺고 싶어 한다.
- 재미있게 놀고 유머를 즐기고 싶어 한다.
- 경제적 안정을 누리고 싶어 한다.
- 정신적·신체적으로 건강해지고 싶어 한다.

- 어딘가에 소속되고 싶어 한다.
- 친구와 동료 집단의 일원이 되고 싶어 한다.
- 생명의 힘, 종교, 신과 교감하고 싶어 한다.

이런 욕구는 유아기부터 삶의 모든 단계에 걸쳐 존재하는데, 항상 충족되는 건 아니다. 어떤 단계에서는 좀 더 전면으로 부각되기도 한다. 노년기에는 이런 측면에서 어떤 상태에 와 있는지 스스로 점검해보고, 아직 해결되지 못한 부분을 개선하고 새로운 능력을 습득하기 위한 단계를 밟는 게 중요하다.

잠시 시간을 갖고 머릿속으로 현재의 라이프 스타일을 정리해보라.

- 영양가 높은 음식을 섭취하고 있는가?
- 운동을 하고 있는가?
- 정서적 욕구에 관심을 기울이고 있는가?
- 조화로운 의사소통 능력을 지속적으로 개발하고 있는가?
- 긍정적인 인간관계를 맺고 있는가?
- 지지해주는 사람들이 있는가?
- 남의 말을 경청하고 자신에게 솔직하며, 원하는 바를 요구하기 위한 능력을 개발하고 있는가?
- 효과적인 갈등 대처 방법을 개발했는가?
- 인생에 기대감을 갖고 인생을 즐기고 있는가?
- 유머 감각을 키우며 인생에서 재미를 느끼고 있는가?

- 자신을 사랑하고 소중히 여기는 만족스러운 방법들을 개발하고 있는가?
- 새로운 것을 배우는 데 관심을 키우고 있는가?
- 좋은 휴식 방법이 있는가?
- 실수를 통해 교훈을 얻는 마음의 여유를 가지고 있는가?
- 누군가를 깊이 사랑할 수 있도록 마음의 문을 열어놓고 있는가?

만약 당신이 노년에 이르러 이 모든 질문에 '그렇다'라고 대답할 수 없다면, 학습을 시작해야 한다. 미처 배우지 못했더라도 자신을 탓할 필요 없다. 당신의 세계가 지금까지 이런 부분에 집중하도록 돌아가지 않았을 뿐이다. 일단 배움을 얻고 나면 훌륭한 보상이 따를 것이다. 즉 당신의 자아, 건강, 세상에 접근하는 방식 면에서 긍정적인 효과가 나타날 것이다. 우리에게는 인생을 원하는 대로 살아갈 선택권이 있다는 사실을 알아야 한다.

개인적으로 알고 있거나 글 또는 말을 통해 알게 된 사람들 가운데 노년기의 인생을 열심히 살면서 세상에 공헌한 사람들의 명단을 만들어보라. 그들에게서 교훈을 얻으라. 이것은 노년의 삶에 활력을 부여하는 본보기가 되어준다. 스터디그룹을 짜서 정보를 한데 모으는 것도 좋은 방법이다. 과거의 형편없고 부정적인 이미지를 상쇄해줄 수 있을 만큼 긍정적이고 건전한 모델을 찾는 것이 중요하다.

만약 당신에게 노년기의 부모 또는 친지들이 있다면 그들에게 지지를 보내길 간곡히 바란다. 그들을 책임감 있고 감응 능력이 있는 인간으로 대우하라. 한물간 노인네로 치부하거나, 무조건 뜻을 다 받아주거나, 지나치게 몸을 낮춤으로써 그들의 능력을 제약하지 말라. 그보다는 여러 가지 미지의 요소와 새로운 위험 감수의 기회가 동시에 내포되어 있는 광활한 인생의 한 영역에 진입한 인간으로 바라보라. 또한 새로운 것을 접하면 누구나 그렇듯이, 그들 역시 불안감을 느낄 수 있다는 사실을 인정해주라.

활력은 높은 자존감의 결과물이다. 그것은 긍정적인 시각에 도움을 주어 자아 전체를 살찌운다. 높은 자존감을 가진 사람들은 눈빛이 살아 있으며, 사고방식 또한 원만하고 호감이 간다. 그들은 개방적이고 훌륭한 유머 감각을 자랑하며 품위와 열정으로 인생을 대한다. 또한 효율적이고 박식하다. 이 모든 것은 긍정적인 태도가 뒷받침될 때 만들어지며, 의지가 있는 사람이라면 누구라도 인생의 어느 시점에서나 기를 수 있는 능력이다.

가정은 온전한 인간을 키워내는 둥지가 되어야 한다

20세기 초에는 남자와 여자가 결혼하여 죽을 때까지 함께 사는 형태만이 유일하게 정상적인 가정으로 받아들여졌다. 오늘날의 과제는 모든 가정과 가정의 모든 사람이 스스로 정상적이라고 느끼도록 만드는 것이다.

양육적인 가정에서 어른들은 하나의 팀으로 기능하고, 서로에게 솔직하며, 개인으로서의 존재감을 누리고, 서로에 대한 경의와 존중을 표한다. 그들은 서로를 고유한 존재로 대우하며, 동일성을 인식하고 발전시키는 동시에 서로의 차이점을 성장과 학습의 계기로 삼는다. 그들은 자녀들에게 가르치고자 하는 행동과 가치의 모범을 보인다. 끊임없이 이어지는 갈등을 해결함으로써 한 걸음씩 성장해나간다. 새로운 세대인 자녀들은 어른들을 보면서 어린 시절부터 갈등 해결 방법을 배우고 익힌다. 말한 대로 행동하고 자녀에게 모범을 보이려면 성인들은 높은 자존감을 갖춰야 한다.

모든 인간이 동등하다고 느끼도록 배우는 건 높은 자존감과 좋은 인성을 가지고 인생을 살아가는 데 도움이 된다. 오늘날의 성인들은 보다 전인적인 인간이 되는 방법을 배우면서 내일의 성인들을 위한 모범을 보여주고 있으며, 그에 따라 좀 더 견고한 가정들이 만들어질 것이다. 그 결과 지배-복종이라는 낡은 악순환의 고리가 끊어지고 새로운 존재 방식이 등장할 것이다.

나는 자존감을 발달시키는 것이야말로 진정한 자아로 가는 길이라고 믿는다. 이것은 가정이 해야 할 일이다. 가족 심리학자로서 나는 자존감을 높이자 여러 부정적 증상이 완화되고 건강이 되돌아오는 사례를 많이 봤다.

어떤 사람들은 세상 모든 사람이 높은 자존감을 갖는 방법을 배울 수 있다는 기대가 너무 과하다고 여기기도 한다. 또 어떤 사람들은 현재의 인간 행동이 인간의 본성을 나타내는 거라는 근거를 들며 내 생각에 반대하기도 한다. 하지만 나는 동의하지 않는다. 인간 행동은 대부분 교육, 학습, 모방의 결과일 뿐 인간의 잠재성을 나타내지는 않기 때문이다. 우리는 인간의 가능성에 대한 인식을 바꾸는 한편, 확신을 가질 필요가 있다.

우리 각자는 이런 변화를 실천할 수 있다. 현재의 위치에서 출발하되, 올바른 방향으로 나아가야 한다. 가정은 그런 교육과 실천이 이뤄질 수 있는 훌륭한 장소다.

오랫동안 몸에 밴 익숙한 습관들은 쉽게 사라지지 않는다는 점을 기억하자. 우리는 인내심을 가져야 하고, 대담하게 정진할 수 있도록 용기를 내야 한다. 그럴 때 열정과 지식으로 고무될 수 있다.

내 소망대로 더 많은 사람이 진정으로 온전한 사람이 된다는 게 무슨 뜻인지 이해하고 이를 위해 효과적인 방법을 개발할 때, 모든 가족의 미래는 밝아지리라고 확신한다. 자신이 완전하고 진실하다고 느낄 때의 기분, 사랑하고 사랑받을 때의 기분, 생산성과 책임감을 발휘했을 때의 기분, 자신이 있기에 세상이 좀 더 살 만한 곳이라고 느낄 때의 기분을 알아가는 사람이 점점 더 늘고 있다. 양육적인 세상의 양육적인 가정에서 성장한 미래의 사람들 모습을 떠올리기만 해도 내 마음은 경외감과 경탄으로 가득 차오른다.

옮긴이 **강유리**

성균관대학교 영어영문학과를 졸업하고 외국계 기업의 인사부서 근무 중 번역의 세계에 발을 들였다. 좋은 책을 발굴하고 우리말로 옮기는 일에 즐겁게 매진하고 있다. 옮긴 책으로는 『픽사, 위대한 도약』, 『미움받는 식물들』, 『딸아, 너는 생각보다 강하단다』, 『잘나가는 조직은 무엇이 다를까』, 『스타벅스 웨이』, 『탁월한 생각은 어떻게 만들어지는가』, 『굿바이 스트레스』 등 다수가 있다.

세계적 가족 심리학자 버지니아 사티어의 15가지 양육 법칙

아이는 무엇으로 자라는가

초판 1쇄 발행 2023년 12월 18일
초판 15쇄 발행 2024년 7월 24일

지은이 버지니아 사티어 **옮긴이** 강유리
펴낸이 김선준

편집이사 서선행
책임편집 배윤주 **편집2팀** 유채원 **디자인** 김예은, 김혜림
마케팅팀 권두리, 이진규, 신동빈
홍보팀 조아란, 장태수, 이은정, 권희, 유준상, 박미정, 이건희, 박지훈
경영관리팀 송현주, 권송이

펴낸곳 ㈜콘텐츠그룹 포레스트 **출판등록** 2021년 4월 16일 제2021-000079호
주소 서울시 영등포구 여의대로 108 파크원타워1 28층
전화 02) 332-5855 **팩스** 070) 4170-4865
홈페이지 www.forestbooks.co.kr
종이 (주)월드페이퍼 **출력·인쇄·후가공·제본** 한영문화사
ISBN 979-11-93506-20-2 03590

㈜콘텐츠그룹 포레스트는 독자 여러분의 책에 관한 아이디어와 원고 투고를 기다리고 있습니다. 책 출간을 원하시는 분은 이메일 writer@forestbooks.co.kr로 간단한 개요와 취지, 연락처 등을 보내주세요. '독자의 꿈이 이뤄지는 숲, 포레스트'에서 작가의 꿈을 이루세요.